U0162752

网络空间治理
外生化、内生化与法治化的协同机制

孙曙生 著

南京大学出版社

图书在版编目(CIP)数据

网络空间治理：外生化、内生化与法治化的协同机制/孙曙生著. —南京：南京大学出版社，2021.12
ISBN 978-7-305-24803-0

Ⅰ. ①网… Ⅱ. ①孙… Ⅲ. ①互联网络－治理－研究－中国 Ⅳ. ①TP393.4

中国版本图书馆 CIP 数据核字(2021)第 146354 号

出版发行 南京大学出版社
社　　址 南京市汉口路 22 号　　　　邮　　编 210093
出 版 人 金鑫荣
书　　名 **网络空间治理：外生化、内生化与法治化的协同机制**
著　　者 孙曙生
责任编辑 苗庆松　　　　　　　　编辑热线 025-83592655
照　　排 南京开卷文化传媒有限公司
印　　刷 丹阳兴华印务有限公司
开　　本 718×1000　1/16　印张 13.5　字数 238 千
版　　次 2021 年 12 月第 1 版　2021 年 12 月第 1 次印刷
ISBN 978-7-305-24803-0
定　　价 59.80 元

网　　址：http://www.njupco.com
官方微博：http://weibo.com/njupco
微信服务号：njuyuexue
销售咨询热线：(025)83594756

＊版权所有，侵权必究
＊凡购买南大版图书，如有印装质量问题，请与所购
　图书销售部门联系调换

前　言

随着现代信息技术的发展,网络空间日益成为人类活动的继海、陆、空、天之外的第五领域,其对人类的政治、经济、文化、社会生活等产生了前所未有的影响,彻底打破了人类固有的生产、生活格局。为此,2021 年 9 月 26 日,习近平总书记在致 2021 年世界互联网大会乌镇峰会的贺信中首提"数字文明"的概念,标志着人类社会已经迈进数字文明的新时代。

从网络社会诞生之时起,网络作为一把双刃剑在给人类造福的同时,也为不法分子所利用给人类社会带来了众多负面的影响。运用纯粹的技术能否对网络空间进行规制,以及网络空间应当受到何种法律的规制,一直处于争议之中。从当今世界的实践情况来看,世界各国对网络空间进行规制已经达成共识,其对网络空间规制的基本路径不外乎技术之治、自治与法治三种方式。技术之治体现为通过科学技术的运用遏制网络空间中的不法行为,它呈现为对网络空间的外生化的治理模式;自治是通过努力培育网民等网络行为主体的德性,进而对他们的行为形成一种内在的道德约束,使网民能够自觉地遵守正当的行为规则,遵守自律规约、公约,不逾越任何权利的边界,自觉履行自己的社会责任和道德责任,它呈现为对网络空间的内生化的治理模式;法治是以构建以法律规则为基础的网络空间的秩序为目标,通过国家的立法、执法、司法活动,最终形成网络空间的法治化秩序。

现代信息技术瞬息万变,网络技术飞速发展,进而使对网络空间的治理变得异常复杂与艰辛。本书结合当今世界网络空间治理的一般模式及我国的具体实践,提出了对网络空间的治理应该从外生化、内生化与法治化的三条路径共同推进。首先要加速发展网络技术,努力占领世界网络技术的最高点,提升对网络空间技术之治的有效势能;其次要努力汲取中国传统文化中的优秀因子,发挥社会主义核心价值观积极的引领作用,使我国的亿万网民、众多的网企等成为具有道德自觉的好网民、好企业,形成对网络空间治理的内生之力。

纵观世界各国对网络空间的治理模式，在努力展开对网络空间的技术之治、自治的同时，更主要的还是实现对网络空间的法治化的治理，因此，如何快速地推进法治化的治理模式成为本书的论证重点。为此，本书按照新时代社会主义法治建设的基本方针，从科学立法、严格执法、公正司法、全民守法的四维视角详细论证了实现网络空间法治化的具体路径。

网络空间的治理是世界各国 21 世纪面临的共同问题。尽管关于网络空间治理的观念与具体实践存在着多样性与差异性，但通过形成外生化、内生化与法治化协同机制，进而实现对网络空间的有效治理已经成为世界各国的共识，这是本书研究的主题，也是本书研究得出的结论。

本书为作者主持的 2016 年国家行政学院研究课题的研究成果。2017 年课题完成后，本人一直努力记录我国网络空间治理的历史进程，根据我国网络空间治理的具体成就，对原研究成果进行了补充与完善，希冀通过自己的研究，为实现对我国网络空间的有效治理做出一定的贡献。在撰写该课题研究报告的过程中，硕士生刘力畅、石岩两位同学帮助收集资料，为本书的完成付出了辛勤的劳动，国家计算机网络与信息安全管理中心江苏分中心董宏伟博士为本书提供了相关的研究资料，在此表示深深的感谢。

孙晓曙
二〇二一年十月

目　录

1 绪 论

1.1 研究背景与研究目标

1.1.1 研究背景

本课题为全国行政学院合作基金课题。2014 年 2 月 27 日,中共中央总书记、国家主席、中央军委主席、中央网络安全和信息化领导小组组长习近平主持召开了中央网络安全和信息化领导小组第一次会议,并发表重要讲话。他强调:"网络安全和信息化是事关国家安全和国家发展、事关广大人民群众工作生活的重大战略问题,要从国际国内大势出发,总体布局,统筹各方,创新发展,努力把我国建设成为网络强国。运用网络传播规律,弘扬主旋律,激发正能量,大力培育和践行社会主义核心价值观,把握好网上舆论引导的时、度、效,使网络空间清朗起来。"①党的十八届四中全会《关于全面推进依法治国的决定》指出:"加强互联网领域立法,完善网络信息服务、网络安全保护、网络社会管理等方面的法律法规,依法规范网络行为。"②至此,关于网络空间治理的研究在全国法学界及相关实务部门蓬勃展开。

1.1.2 研究目标

本课题围绕如何贯彻落实党的十八届四中全会精神,就"推进网络空间治

---

① 习近平. 习近平谈治国理政[M]. 北京:外文出版社,2014:197 - 198.
② 中共中央关于全面推进依法治国若干重大问题的决定[M]. 北京:人民出版社,2014:14.

理"这一主题展开研究。网络空间的法治化是网络空间治理最重要的模式，也是法治中国建设的重要组成部分。"法治应用于网络公共空间的治理，要求建立满足不同主体需求的秩序结构，同时保障民主价值和公民的自由权。它形成建设法治社会和控制国家权力的双重治理目标，也体现了网络治理的双重结构。软法之治和硬法之治是不同的工具，它们既明确了责任主体，也充分利用了服务商和公众的参与。作为两种效力实现模式，过程控制以依法行政为核心，司法控制则是法治终端。"①在维护网络安全与保护公民民主权利的双重目标下，以法治思维方式用法治的方法探索出推进网络空间法治化建设的具体路径。同时，在坚持法治化为本治理模式的同时，推进网络空间治理的内生化、外生化的治理模式，努力构建法治化、内生化、外生化协同推进的网络空间治理机制，实现网络空间的良好秩序。

1.2 国内外研究的现状与选题的意义

1.2.1 国内外研究现状述评

从国外研究的状况来看，由于互联网行业在西方国家起步较早，一些发达国家特别是美国、英国以及欧盟等国家或地区已经形成了较为完备的规制互联网空间的法律体系。英国学者 Mr. Nigel Phair 所著的《网络犯罪：对法律职业的挑战》(2010)主要论述了网络犯罪的类别及其最新的发展，新型的犯罪不仅给行政执法带来了难题，而且给法官、检察官、律师等法律职业群体带来了挑战，如何应对此挑战，著者为此开出了"药方"。美国学者 Victor Sheymov 所著的《网络空间与安全——一个基本的新方法》(2012)主要论述了互联网空间与一般物理空间的不同，网络空间的不安全性，以及对危险的防范。其基本的结论是，必须通过法治的方法对互联网空间进行治理，在治理的过程中，政府的角色至关重要。美国法学专家 Ronald.Deibert 所著的《接近控制：网络空间中的权力、权利、规则的类型》主要论述了随着互联网络的迅猛发展，无论是在民主国家还是在威权主义的国家，均对互联网空间进行了大规模、全方位的过滤、监测与审查，其目标是保障国家与公民的网络安全，但在管制的过程中，

---

① 秦前红，李少文. 网络公共空间治理的法治原理[J]. 现代法学，2014(6).

权利与权力之间必然产生了法理上的冲突,如何平衡国家的管制权力与公民利用网络行使的言论自由等民主权利是本书的论述中心。日本大阪大学教授松井茂记所著的《互联网法治》(2019)将世界各国关于互联网法治的法律制度、经典案例及重要事件进行了详细剖析和介绍,为司法实务部门处理互联网引发的案件提供了思路。

从西方学者研究的成果来看,其研究的现状呈现为以下特征:其一,从互联网发展早期注重对互联网犯罪的研究转向对互联网安全的保护与公民民主权利保护的并重;其二,从对规制互联网发展的法律体系建设的研究转向对互联网空间法治化的研究;其三,从法治方法来看,由于网络空间的无国界特性,关注对互联网空间的全球化的治理,强调国家与国家之间以及国际区域之间的联合治理等。

从国内研究的状况来看,尽管与西方发达国家相比,我国的互联网起步较晚,但近年的发展之势非常迅猛。就网络空间治理问题的研究成果来看,学界产生了大量的研究成果。就著作方面来看,饶传平的《网络法律制度——前沿与热点问题研究》(2005)主要介绍了网络法律制度的体系,并就网络治理的热点问题展开了讨论;郭小安的《网络民主的可能及限度》(2011)把网络民主放在媒介与民主关系的视角中加以考察,从媒介与民主的现状和困境出发,寻找网络民主兴起的背景,论述了网络媒介与民主关系为何能从分离状态走向融合,弄清了网络媒介与民主走向融合的条件及后果;孙午生的《网络社会治理的法治化研究》(2014)梳理和提出了网络社会治理的实践与理论问题,通过借鉴外国的经验,提出了网络治理的基本策略。

就发表的主要论文来看,周光辉的《互联网对国家的冲击与国家的回应》(2001)论述了互联网的发展对国家的冲击力主要表现为国家对个人的控制力、国家的司法能力、国家的税收管辖权、国家在国际关系中的主体地位、国家的安全能力遭到削弱和挑战;秦前红、陈道英的《网络言论自由法律界限初探——美国相关经验之述评》(2006)及邢璐的《德国网络言论自由保护与立法规制及其对我国的启示》(2006)分别介绍了美国与德国在网络空间治理方面的经验,强调在对网络空间进行政府管制的同时,应加强对公民言论自由的保护;檀有志的《网络空间全球治理与中国路径》(2013)、陈灿祁的《我国公民个人网络信息保护的困境与出路》(2013)均论述了我国互联网治理的困境,强调要借鉴国外的经验;北京航空航天大学法学院编著的《网络空间法治化的全球视野与中国实践》(2019)对 2017—2019 年中国、欧洲国家、美国的互联网法治建设情况进行了介绍和评析。

　　综合国内学者的研究成果，其研究的现状呈现为以下特征：其一，从最初对国外网络立法经验的介绍转向对本国具体法治实践的关注，治理的中心强调对网络犯罪的打击；其二，与西方国家相似，从关注网络安全治理的研究转向关注网络空间公民民主权利的保护；其三，从对网络空间法律体系的研究转向对网络空间法治化问题的研究；其四，我国学界对网络空间法治化的研究尚处于起步阶段，有待于深入法治体系的内部进行全面研究。

1.2.2　选题的意义

1. 学术意义

网络空间法治化是将一个"法外之地"纳入法治的轨道中，需要扩张甚至重构我们的法治模式，网络空间的法治化是整个中国法治建设的重要组成部分。展开对网络空间治理问题的研究，可以拓展法治研究的视界，具有极高的学术价值。

2. 实践意义

通过对网络空间治理问题的研究，在保证言论自由和民主的前提下，对网络空间进行某种边界的制约，实现法治的秩序价值，从而造就虚拟又真实的网络法治社会。通过阐释网络空间治理的法治机制及其原理，构建法治化、内生化、外生化的协同机制，能够厘清目前网络空间的治理体系，实现网络空间有序的发展。

1.3　研究的基本思路和方法

1.3.1　研究的基本思路

本课题拟把网络空间治理问题先做定性的分析，运用马克斯·韦伯的"理念或理想型"（ideal-typical analysis）的范式结构，把已经定性的网络空间法治问题在今日中国法治建设的实践中予以定位，以探寻我国网络空间治理协同机制构建的具体路径。其基本的路线图为：

$$
\text{网络空间治理}\begin{cases} \text{法治社会}\begin{cases} \text{秩序价值} \\ \text{民主价值} \end{cases} \\ \text{限制权利} \longrightarrow \text{自由权} \end{cases}
$$

图 1.1 我国网络空间治理协调机制构建的基本路线

1.3.2 研究的具体方法

1. 比较分析方法

网络空间治理在具有个性特点的同时,更具有普遍性。本项目将利用比较分析的方法对我国网络空间治理问题进行中外比较分析研究,深入研究我国网络空间治理协同机制构建存在的困境及其化解的路径。

2. 跨学科的综合分析方法

本项目研究重点结合文化学、经济学、制度学,从立体的视角对网络空间治理协同机制建设问题进行全方位的研究。

3. 理念引领与案例分析相结合的方法

网络空间治理协同机制建设问题既需要从法哲学的层面进行纯理论的学术研究,也需要从国家治理现代化建设的现实出发,把理论研究和具体的案例分析结合起来。

1.4 研究的主要观点及预期价值

1.4.1 研究的主要观点

1. 网络空间治理的目标选择

实现社会目标与公权控制相结合。网络公共空间的治理应运用法治规范政治过程,以确保秩序价值;同样也应运用法律和制度约束执法者,以保障公民的言论自由和网络公共空间的民主价值,推动政治和社会发展。

2. 网络空间治理的工具选择

软法之治与硬法之治。硬法的三个体系"分别是网络安全法律体系、调节公民之间关系的网络言论规范体系和网络信息保护体系；网络公共空间的治理中已经出现了大量的软法现象，最主要的就是由社会主体发布的具有一定强制约束力的行为规则"[①]。

3. 网络空间治理的实现过程

过程控制与司法控制。过程主义和司法中心主义是借用不同的法律效力来实现模式发挥作用，这也就形成了治理的两种不同控制方式，即过程控制和司法控制。其中，过程主义强调相关主体参与的过程；法治的终端是司法，司法是实现法治化的最后一道屏障。

1.4.2　预期价值：理论创新程度或实际应用价值

本项目的研究是把纯粹的学术研究与网络空间治理的具体实践研究紧密地结合起来，通过透视我国法治建设的历史，运用哲学的方法，从法理的视角通过具体案例的分析来寻求网络空间治理之道。

本项目的研究走出了传统观点所认定的"法治"即"治法"的误区，突出对网络空间法治化价值层面的研究，紧跟网络时代技术和观点现代化的趋势，创新国家治理现代化的理论。

通过本项目的研究，明确了网络空间治理的目标、实现目标的困境、法治化实施的路径，该研究成果具有切实可行的可操作性。

---

① 秦前红，李少文. 网络公共空间治理的法治原理[J]. 现代法学，2014(6).

2 网络空间:公共领域的结构转型

"个人主义不仅作为古典自由主义的方法论,更是作为其哲学基础的存在。对古典自由主义的各种纷繁的论证无不围绕个人主义而展开。"[①]与个人主义相伴而生的私人领域与共和主义所强调的公共领域彼此对应存在。关于古典自由主义的"私人"与共和主义的"公共"二分法最早可以追溯到古希腊人对"城邦生活"和"家庭生活"的区分。德国哲学家汉娜·阿伦特在重新思考古希腊城邦的基础上对"公共领域"做了充分的论述:"公共领域就是共同的空间。它首先指的是凡是出现于公共场合的东西都是为每个人所看见和听见,具有最广泛的公开性;其次是世界对于我们来说是共同的,并与我们的私人地盘相区别。"[②]另一位德国哲学家尤尔根·哈贝马斯继承并发扬了阿伦特的"公共领域"的概念。与阿伦特不同的是,他的公共领域以市民社会为前提,与公共权力相对立、相分离,本质上与市场领域一样,属于私人的自主领域。

但我们也看到,不论是阿伦特的公共领域还是哈贝马斯对公共领域的重新定义,他们在讨论公共领域概念的时候,主要是人与人之间的面对面的交往,因为不论是阿伦特在撰写《人的条件》还是哈贝马斯在撰写《公共领域的结构转型》著作的时候,互联网并没有普及,他们只能以传统的媒介作为参考。在互联网迅猛发展的今天,公共领域的结构在转型。无论是阿伦特还是哈贝马斯的"公共领域"的概念内涵已经发生了很大的变化,这种变化更多是由网络作为新媒体技术形态的特点所赋予的。

---

① 孙曙生. 古典自由主义法治思想研究[M]. 南京:河海大学出版社,2011:30.
② 汪晖,陈燕谷主编. 文化与公共性[M]. 北京:三联书店,2005:81-83.

2.1 网络空间的内涵与互联网的架构

2.1.1 网络空间的概念与内涵及其演进

"网络空间(cyber space)并非技术性术语,其最早诞生于文学领域。"[①]"网络空间"一词最早由美国科幻作家威廉·吉布森(William Gibson)在 1981 年出版的小说《燃烧的铬》(*Burning Chrome*)中首次使用,意为由计算机所创建的虚拟信息空间。1984 年,威廉·吉布森写下了另一个长篇的离奇故事,书名叫《神经漫游者》(*Neuromancer*)。在这个广袤的空间里,既看不到高山荒野,也看不到城镇乡村,只有庞大的三维信息库和各种信息在高速流动。吉布森把这个空间取名为"赛伯空间"(Cyber Space),也就是现在所说的"网络空间"。然而,真正的网络空间构筑开始于 1969 年 ARPANET 的创立,但此技术只局限于军事和科学领域。直到 20 世纪 90 年代中后期,随着计算机及网络技术的迅猛发展与普及,人们才逐渐认识到曾经的幻想已经变为现实。

由于互联网起源于美国军事领域,因此,美国的国家安全部门和军事部门的官方文件对网络空间的概念及内涵进行了详细的表述。2001 年 4 月 12 日,美国国防部联合出版物《军事及其相关术语辞典》将网络空间描述为:"数字化信息在计算机网络中通信时形成的一种抽象环境。"[②]这个概念突出了网络空间的虚拟性。2003 年 2 月,布什政府发布的《保护网络空间的国家安全战略》中对此概念的表述则更加具体,"网络空间是国家的中枢神经系统,它由无数相互关联的计算机、服务器、路由器、交换机和光缆组成,它们支持着关键基础设施的运转,网络空间的良性运转是国家安全和经济安全的基础"[③]。该定义不但指出了网络空间的构成载体,还重点强调了承运国家关键基础设施的信息网络系统的重要性,但其基本涵义等同于互联网范畴。

2006 年 12 月,美军参谋长联席会议签署的《网络空间行动的国家军事战略》将网络空间界定为"域",并强调了网络空间的两大关键技术,即电子和电

---

① 惠志斌. 全球网络空间信息安全战略研究[M]. 上海:世界图书出版公司,2015:8.

② 惠志斌. 全球网络空间信息安全战略研究[M]. 上海:世界图书出版公司,2015:8.

③ White House:"National Security Council,2003 National Strategy to Secure Syberspace",2003. www.dhs.gov/xprevprot/programs/editorial_0329.shtm.

磁频谱技术。2008年5月,美国国防部常务副部长戈登·英格兰(Gordon England)在关于网络空间定义的备忘录中进一步修正了以往的定义,"网络空间是全球信息环境中的一个领域,由众多相互依存的信息基础设施网络组成,包括互联网、电信网、计算机网络和嵌入式处理器与控制器等"①。该定义突出强调了网络空间的"全球性"特征和"信息环境"的本质属性。2011年,美军参谋长联席会议发布的《美国国家军事战略报告——重新界定美国军事领导权》则明确阐述了网络空间与传统四大空间的关系。该报告将网络空间描述为全球联通的领域,指出网络空间作为一种媒介已将传统的空间联结在一起,陆地、海洋、天空和太空通过网络空间聚合在一起,迸发出新的活力。与此同时,网络空间主导权的争夺愈演愈烈,世界已经进入了一个争霸网络空间的新时代。

随着时间的变化,网络空间的概念与内涵一直在演进之中。从狭义的视角来理解,网络空间是一个由用户、信息、计算机、通信线路和设备、应用软件等基本要素构成的信息交互空间,这些要素的有机复杂组合形成了物质层面的计算机网络、数字化的信息资源网络和虚拟的社会关系网络等三种意义不同但相互依附的巨大信息系统。从广义的角度来看,网络空间已经成为承载并创造人类社会各种生产生活实践的现实空间,它依托信息网络等新兴技术以生物、空间、物体等自然世界的元素建立起广泛联系并展开智能交互,一个不断扩展、智能互联的网络空间成为人类未来生存和发展至关重要的场域。②

2.1.2 互联网的架构

自20世纪70年代至今,世界范围内的互联网发展迅速,它在创造奇迹的同时,也存在不少的挑战与问题。互联网又称国际网络,是指网络与网络之间串联所形成的庞大网络系统,这一性质决定了互联网必须按照一定逻辑的规则运行,也就是说,明确互联网的架构是以法治化方式治理互联网的前提。从语义上讲,"架构"一词可用于描述一个系统内部的各项组成要素,以及这些要素之间的相互关系,因此要在横向和纵向两层含义、时间和空间两大维度上来综合理解互联网的设计架构。

"网络架构的设计是网络规划和建设的关键,网络架构是指导网络设计的

---

① 惠志斌. 全球网络空间信息安全战略研究[M]. 上海:世界图书出版公司,2015:9.
② 惠志斌. 全球网络空间信息安全战略研究[M]. 上海:世界图书出版公司,2015:8-10.

一系列高层原则，其目的是要确保构建网络的相关技术能有机地结合在一起，并使网络能按照预期目标运行。"①早期的计算机是按照"硬件编程"式架构运行的，与普通低智能家电产品一样，仅能服务于特定目的，其程序很难改变。而现代计算机本身便可以预先储存一定的程序，服务于通用目的，"这就是所谓的冯·诺伊曼架构的计算机，存储程序型计算机可轻易改变其程序，并在程序控制下改变其工作性质和内容"②。互联网是这一架构的另一实现形式，这一变革使得计算机的应用更为广阔，是信息技术发展过程中的一大历史性飞跃，在此基础之上发展的哈佛结构则实现了程序数据与普通数据分开存储的理念设计，使得互联网的架构愈发完善。

"技术轮回决定了没有永远正确的架构，只有适应技术和市场环境的架构。"③当前互联网的架构以 IP 即网络协议为核心，以这一规则为保障实现了国际互联网的各个子网络之间有效的互联互通。应从点、线、面结合的视角出发来理解互联网的体系架构：所谓"点"，即网络节点，诸多的网络节点共同组成了整个网络体系，它是"网络空间中的基本单位，通常是指网络中一个拥有唯一地址并具有数据传送和接收功能的设备或人"④，可以具体表现为各种形式的计算机、服务器、用户等。在全球网络空间体系中处于核心节点地位的是根域名服务器，基本为美国所掌握。"线"便是将各个不同的网络节点连接起来的通信线路，主要由电信运营商通过供给侧的网络一端提供，使得数据资源共享更加便捷，整体网络联系更加紧密。互联网的架构并非平面，而是呈现出不同层次之间彼此相连的立体化模式，网络节点经由通信线路连接，便构成了以计算机为基础的"面"状拓扑网络空间。

"在未来互联网架构研究中，保障网络的安全可信、可管控是一个重要的设计原则，影响着网络架构研究设计。"⑤同时有学者提出，互联网发展过程中"最为关键的两个问题就是互联网自治的问题和互联网可扩展的问题，实质是 IP 域名问题和地址问题"⑥。故此，基于以上考量，在互联网架构的分析中应重点说明网络协议的具体内涵。网络协议实质上是一套由相关软件和程序组成的协议软件，将不同网络传输数据的基本单元转换为统一的"IP 数据包"格

①　赵慧玲，陈运清，解冲锋，王茜，史凡. 可演进的下一代互联网架构[J]. 电信科学，2013(Z1).
②　何宝宏. 互联网的架构[N]. 人民邮电，2015 年 3 月 31 日第 6 版.
③　何宝宏. 互联网的架构[N]. 人民邮电，2015 年 3 月 31 日第 6 版.
④　惠志斌. 全球网络空间信息安全战略研究[M]. 上海：上海世界图书出版公司，2013：11－12.
⑤　夏俊杰，高枫，张峰，马铮. 未来互联网安全架构探讨[J]. 邮电设计技术，2016(1).
⑥　刁玉平，廖铭，刁永平. 互联网架构关键资源可扩展研究[J]. 中山大学学报（自然科学版），2011(6).

式,并以此实现充分的互联互通。IPv6 是网络协议开发过程中的第六个版本,是为应对伴随着互联网规模快速增长所产生的 IPv4 地址枯竭问题而专门设计的用作替代的下一代网络协议,其充足的 IP 资源极大地贴合了互联网的开放性特征。[①] IPv6 可以实现作为网络节点之一的用户和所配备的 IP 地址之间的一一对应,这样便有助于实现网络空间中的真实身份认证,使得用户从事的网络活动均有迹可循,为加强监管提供了重要的抓手,网络空间不会成为法外之地。

2.2 网络空间媒体的形态与种类

2.2.1 网络空间媒体的形态

20 世纪 90 年代以来,有关网络空间的理论、学说、思想变得更加丰富,在其媒介形态上也是如此,变化之快超乎人的想象,以至于膨胀得快要爆炸了,媒体的形态发生了巨大的变化。

按照阶段划分,当前互联网处于 Web 3.0 阶段。"'Web 2.0'的概念 2004 年始于出版社经营者 O'Reilly 和 MediaLive International 之间的一场头脑风暴论坛。身为互联网先驱和 O'Reilly 副总裁,Dale Dougherty 指出,伴随着令人激动的新程序和新网站间惊人的规律性,互联网不仅远没有'崩溃',甚至比以往更重要。Web 2.0 则更注重用户的交互作用,用户既是网站内容的浏览者,也是网站内容的制造者。所谓网站内容的制造者,是说互联网上的每一个用户不再仅仅是互联网的读者,同时也成为互联网的作者;不再仅仅是在互联网上冲浪,同时也成为波浪制造者;在模式上由单纯的'读'向'写'及'共同建设'发展;由被动地接收互联网信息向主动创造互联网信息发展,从而更加人性化。"[②]

"抛开纷繁芜杂的 Web 2.0 现象,进而将其放到科技发展与社会变革的大视野下来看,Web 2.0 可以说是信息技术发展引发网络革命所带来的面向未

---

① 参见惠志斌. 全球网络空间信息安全战略研究[M]. 上海:上海世界图书出版公司,2013:15 - 16.
② 百度百科: https://baike. baidu. com/item/web2. 0/97695? fromtitle = web％202. 0&fromid = 222391.

来、以人为本的创新 2.0 模式在互联网领域的典型体现,是由专业人员织网到所有用户参与织网的创新民主化进程的生动注释。"[①] Web 2.0 以去中心化、开放、共享为显著特征。Web 3.0 模式下的互联网应用具有更加注重交互性等显著特点。

"Web 3.0 是在 Web 2.0 的基础上发展起来的,它能够满足网民对于生命深度体验的心理需求,更好地体现网民的劳动价值,并且能够实现价值均衡分配。伦斯勒理工学院副教授吉姆·亨德勒(Jim Hendler)将 2008 年确定为 Web 3.0 时代的开端。"[②]同时斯皮瓦克认为,Web 3.0 是网络发展的第三个 10 年,即 2010 年至 2020 年,它"就是统计学、语言学、开放数据、计算机智能、集体智慧和用户在网上生成的内容全部集合到一起"[③]。

中国互联网络信息中心(CNNIC)在北京发布的第 48 次《中国互联网络发展状况统计报告》显示,截至 2021 年 6 月,我国网民规模达 10.11 亿,较 2020 年 12 月增长 2 175 万,互联网普及率达 71.6%。10 亿用户接入互联网,形成了全球最为庞大、生机勃勃的数字社会。[④] 这意味着 Web 3.0 是全方位互动的时代。3.0 时代的特征是个性化、互动性和精准的应用服务。用户的应用体验与分享,对于网站流量和产品营销具有决定性作用。[⑤] "网民和网络之间在衣食住行等各个层面全方位紧密结合。以个人终端(手机)为中心点出发与整个网络世界进行信息互动。网络对用户了如指掌,替用户进行资源筛选、智能匹配,直接给用户答案。上网既不是 Web 1.0 时代传统生活在网络上的简单延伸,也不是 Web 2.0 时代传统生活在网络上的异化,而是在传统物理社会空间之外,多出一个网络社会空间,人们在网络空间中全方位量身定制想要的生活:从 Web 1.0 时代的'读报纸'到 Web 2.0 时代的'开会',终于发展到了 Web 3.0 时代的'私人定制'。这个时代不再是人找信息而是信息找人,智能性成为这个时代的典型特性。"[⑥]

当互联网用户的能动性、积极性被调动后,他们开始热衷于创新、分享、协作与交流。人们学会利用媒介对社会事务进行讨论,以展示自己的见解或观

---

① 百度百科:http://baike.baidu.com/view/8240.html.

② J. Hendler, W. Hall and N. Contractor. Web Science: Now More Than Ever, Computer, vol.51 no 6,2018, pp.12 – 17.

③ 周易君编著. Web 3.0 时代的服装网络营销:理论与营销[M]. 北京:经济日报出版社,2016:3.

④ 中国互联网络信息中心(CNNIC):第 48 次《中国互联网络发展状况统计报告》。

⑤ 崔婉秋,杜军平. 基于用户意图理解的社交网络跨媒体搜索与挖掘[J]. 智能系统学报,2017(6):761 – 762.

⑥ 刘艳红. Web 3.0 时代网络犯罪的代际特征及刑法应对[J]. 环球法律评论,2020(5).

点。他们加强了公共话语权和监督权,加速了公共领域的形成与发展。

2.2.2　网络空间媒体的种类

目前,Web 2.0 及 Web 3.0 形态下的媒介产品仍处于不断地完善和开发的过程中,但其内容生产和传播的方式大致可以分为以下几种:

1. 网站

1995 年 5 月 17 日是世界电信日,我国宣布向全世界提供接入服务,中国互联网进入 Web 1.0 阶段,也开启了网民通过网络单向传播其观点的阶段。在内容上,各类网站进行新闻信息传播的主要运行模式是引用、转载报纸、电视传统媒体的报道。截止到 2020 年 6 月,我国网站数量(指域名注册者在中国境内的网站)为 468 万个。[①] 人民网、新华网、腾讯网等发挥排头兵的带头示范作用,带领网络媒体创新思变,而商业媒体各自进入不同赛道,结合自身特质发力,推动行业高质量发展。

2. 博客(Web Blog)

Blog 就是以网络作为载体,简易、迅速、便捷地发布自己的心得,及时、有效、轻松地与他人进行交流,再集丰富多彩的个性化展示于一体的综合性平台。不同的博客可能使用不同的编码,所以相互之间也不一定兼容。并且,很多博客都提供丰富多彩的模板等功能,这使得不同的博客各具特色。Blog 是继 Email、BBS、ICQ 之后出现的第四种网络交流方式,至今已十分受大家的欢迎。它是网络时代的个人“读者文摘”,是以超级链接为武器的网络日记,代表着新的生活方式和新的工作方式,更代表着新的学习方式。

3. 微博(Weibo)

即微型博客(Micro Blog)的简称,也即博客的一种。它是一种通过关注机制分享简短实时信息的广播式的社交网络平台。

4. 播客(Podcasting)

播客是 iPod＋broadcasting,是数字广播技术的一种。它出现的初期借助一个叫“iPodder”的软件与一些便携播放器相结合而实现。

5. 维基(Wiki)

Wiki 包含一套能简易制作、修改 HTML 网页的系统,再加上一套记录和

---

① 中国互联网络信息中心(CNNIC)发布的第 46 次《中国互联网络发展状况统计报告》,2020 年 9 月。

编排所有改变的系统，并且提供还原改变的功能。使用 Wiki 系统的网站称为 Wiki 的网站。Wiki 的网站允许任何造访它的人快速简易地添加、删除、编辑所有的内容，因此特别适合团队合作的写作方式。Wiki 系统可以包括各种辅助工具，让使用者能容易地跟踪 Wiki 的历史变化，或是让使用者之间讨论关于 Wiki 的内容的分歧。Wiki 的开放性是其最大的资源，也因此特别适合用来集思广益、群策群力。它要求撰写词条时保持中立，在任何人都可以当编辑的前提下，这种不偏不倚是最基本的前提。Wiki 所揭示的四个新法则——开放、对等、共享及全球运作——它们正在取代一些旧的商业教条，许多成熟的传统公司正在从这种新的商务范式中受益。[①]

6. 对等传播（peer-to-peer，P2P）

P2P 是 peer-to-peer 的缩写，即"点对点""伙伴对伙伴"的意思，技术上称为对等互联网络。P2P 技术可以让用户不必经过中继设备而直接到其他用户的计算机上进行数据交换或服务的交换。它的目标就是通过 P2P 软件将处于互联网中的人们联络起来，通过互联网直接进行互动，包括进行对等计算、文件交换、协同作业、即时通信、搜索引擎等业务。

近年来，媒体的类别又有了新的表现。"新表现"主要体现在从内容端来看，短视频与直播成为"黑马"，视频化创新了媒体传播形态。"从技术端来看，随着 5G、大数据、人工智能等新一代信息技术快速发展，万物互联、万物皆媒趋势越来越明显。技术改变了网络媒体的内容生产和信息分发机制，全方位赋能网络媒体'策、采、编、发、管、馈、评、治'的生产、传播、服务全过程。"[②]

2.3　网络空间的现实效应

互联网是 20 世纪中后期全球军事战略、科技创新、文化需求等多种因素混合发展的产物。经过 40 余年的发展，网络空间对于现实世界各国的政治、经济、军事、社会、文化等方面而言，无不是一次广泛而深刻的革命。它在一定程度上打破了传统主权国家发展和治理的边界，把全世界整合在一个共同的信

---

① 杨吉，杨解放. 在线革命：网络空间的权利表达与正义实现[M]. 北京：清华大学出版社，2013：98-99.

② 国家信息中心. 2020 中国网络媒体发展报告. 2021-4-20.

息交流空间中，导致政府的运作方式、企业的经营模式、军队的作战手段以及人与人之间的交往方式都在发生深刻的变革。

2.3.1 网络空间的形成极大地推进了人类民主的进程

"民主的特征就是基于同意而统治——依靠选举中表达的舆论并对其负责的统治。"①根据萨托利的阐释，民主可分为被统治的民主、统治的民主与纵向民主，而前一类中主要包含选举式的民主与参与式的民主，后一类中主要包含竞争式民主与多数专制式民主。民主不是权威主义、极权主义、独裁和个人统治。在中国共产党的百年奋斗历程中，始终所追求的就是让人民充分享有民主的选举权、民主的被选举权。纵观中国共产党的百年奋斗历程，我国的民主制度建设在经历过苦难与挫折，积累了丰富经验的同时，也留下了深刻的历史教训。特别是"文化大革命"时期，是中国民主制度建设的灾难时期，其主要的根源在于，主要领导者的眼睛被专制的迷雾所遮蔽，权力不受制约的观念根深蒂固，权力大于法律的理念是其治国行动的指南，所以造成一个历史的悲剧。权力的拥有者垄断的不仅仅是权力，更多的是信息，由于信息的不公开、不对称，使得广大的民众在懵懂的状态下被动地接受着掌权者绝对权力的统治。

今天，随着网络空间的形成与发展，"它也促进了公共领域的形成，它不仅改变了传统的信息传播方式，在这个过程中还包括民主机制的建立，这个民主机制提倡开放、包容、多元、平等的对话互动程序，整合不同的信息渠道，汇集不同派别的观点，创设一个民主和谐的氛围，使更多的公民能对公共事务发表意见，经过这些众多个体意见的充分互动，最终达成一般人普遍赞同的且心理上产生共鸣的一致性意见"②。

总之，以往的国家与民众之间信息不对称的格局已被彻底打破。互联网极大地促进了公民的知情权、参与权、表达权和监督权等民主权利的实现。

2.3.2 网络空间的形成重构了国际关系的格局

网络空间的形成在一定程度上重构了国家主权的概念。关于国家主权的

---

① ［美］乔·萨托利. 民主新论［M］. 北京：东方出版社，2001：92.
② 曹阳，何旭. SNS：一个网络公共领域的新形式［J］，新闻记者，2009(10).

的概念,英国著名政治学家托马斯·霍布斯的论述可能最为经典。他在 1640 年写作的《法的原理》中首次阐述了他的政治理论的基本要素。尽管他在以后的著作中一再地加以复述,但最明确和完整地包括他对国家的契约论和绝对主权学说的著名陈述的仍然是《利维坦》。他认为:"主权是绝对、至高无上、不可分割和不可转让的,它是国内法律和道德的力量源泉。主权是个人依据理性与自私达成社会契约并进而创立的,但主权一经创立,便要求人们绝对服从,除非其生命受到威胁或主权者丧失了保护他们的能力。"①

2015 年 7 月 1 日生效的《中华人民共和国国家安全法》首次将"网络空间主权"以法律形式予以明确。2017 年 6 月 1 日生效的《中华人民共和国网络安全法》的第一条便开宗明义地申明"维护网络空间主权"的立法主旨。2015 年 12 月 16 日,国家主席习近平在第二届世界互联网大会的主旨演讲中,进一步将"尊重网络主权"列为全球互联网治理体系四项原则的核心。2015 年 7 月,联合国在《从国际安全的角度来看信息和电信领域发展的政府专家组的报告》中将"国家主权原则"作为提升信息和电信安全的核心。该报告的第 27 条进一步规定,国家主权和由国家主权衍生出来的国际准则与原则,适用于国家开展的信息通信技术相关活动,也适用于各国对本国领土上信息电信技术基础设施的司法管辖。理论与实践的发展,为一种"基于网络空间主权的新型全球治理模式锚定了目标"。

透过国内外围绕"网络空间主权"所生发的聚讼纷纭,一系列核心问题得以浮现:"(1)国家主权能否适用于网络空间?(2)网络空间中国家主权的行使是否遵循'多利益攸关方治理模式'?(3)如何建构逻辑清晰、体系严谨、富有特色的网络空间主权国内法体系?(4)如何以网络空间主权为基础,铸就多边、民主、透明的国际法制度?"②网络空间主权成为当今国家主权概念的重要构成部分,极大地影响了一国及国家之间的法律制定、制度设计等一系列问题。

网络对主权的挑战和侵蚀是国家在全球化时代面临的巨大挑战之一,其影响主要有以下几个方面:"首先,网络的开放、多元、互通、匿名等特性,使 Web 3.0、大数据、云计算、3D 打印等新技术、搜索引擎、社交网络等新的信息平台不断催生出新的生产方式、生活方式、军事变革乃至社会结构变迁。其次,网络已经成为承载并连接各国政治、军事、文化、经济的载体,网络也成为

---

① [英]托马斯·霍布斯. 利维坦[M]. 北京:商务印书馆,1985:131-141.
② 张新宝,许可. 中国如何构建网络主权[J]. 中国社会科学,2016(4).

国家有效运转的中枢。最后,网络空间中的资源急剧上升,网络权实质已经超越了单一工具性的作用,成为具有战略性意义的权力资源,并成为国家之间、国家与非国家行为体之间争夺的焦点。网络时代的权力正在从国家行为体向非国家行为体转移,全球性的市场、公民社会正在分享过去由主权国家垄断的权力。如果我们把政治独立主权、军事安全主权、文化和价值观主权、经济自主主权视为国家的主权支柱的话,我们会发现,传统意义上的主权从理论到实践正在面临巨大挑战。"①

随着传统国家主权概念的弱化,建立在民族国家意识形态基础上的民族主义、爱国主义和文化的归属感均受到了巨大的冲击。但目前一个总体趋势是,随着网络空间的形成,各个 主权国家的彼此依赖度增大,全球合作的理念已经成为各个主权国家的共识,任何打破网络空间国家合作格局和发展均势的行为都可能引起全球的轩然大波。

2.3.3 网络空间的形成极大地改变了各国的经济增长模式

在全球网络空间中,商品、服务、资本和劳动力通过网络信息资源,跨越地域限制和时间差异在全球范围内自由流动。网络空间成为企业资源合理配置以及开拓新兴市场不可或缺的平台。可以说,互联网本身已经成为经济增长的最重要的源泉。经济信息技术的发展导致了一个独立的民营部门的振兴或是导致了一群国内商业精英的出现。截至 2003 年年底,几乎所有的大型国有企业都已经使用了互联网来发展其业务,目前对互联网的使用可以说已经扩散到所有的企业。

在中国仅以网络购物为例,截至 2015 年 6 月,我国网络购物用户规模达到 3.74 亿人,较 2014 年年底增加 1 249 万人,半年度增长率为 3.5%;2014 年上、下半年,这一增长率分别为 9.8% 和 9.0%,数字表明我国网络购物用户规模增速继续放缓。与整体市场不同,我国手机网络购物用户规模增长迅速,达到 2.70 亿人,半年度增长率为 14.5%,手机购物市场用户规模增速是整体网络购物市场的 4.1 倍,手机网络购物的使用比例由 42.4% 提升至 45.6%。"截至 2021 年 6 月,我国网上外卖用户规模达 4.69 亿,较 2020 年 12 月增长 4 976 万;我国在线办公用户规模达 3.81 亿,较 2020 年 12 月增长 3 506 万,网民使

---

① 鲁传颖. 主权概念的演进及其在网络时代面临的挑战[J]. 国际关系研究,2014(1).

用率为 37.7%。"①"互联网＋"相关政策的支持,促进网络购物快速发展,带动其他行业升级转型。2015 年 3 月,政府在工作报告中提出"互联网＋"概念,旨在通过互联网带动传统产业发展,而网络购物作为"互联网＋"的切入口,能够带动传统零售、物流快递、交通、生产制造等其他行业升级转型。随后,商务部发布的《"互联网＋流通"行动计划》进一步明确了网络购物与其他产业深度融合、转型升级的任务部署。②

"中国的'十三五'面临新常态下经济转型的挑战,互联网在促进中国供给侧结构性改革中,已经发挥了三方面的作用,一是超前布局下一代互联网,拓展网络经济空间,提高经济增长质量;二是实施'互联网＋'行动计划,更好地为实体经济服务;三是支持基于互联网的各类创新,促进灵活就业。'十三五'期间,互联网与各行各业的结合成为中国经济发展的最大动力,在中国经济走向总量世界第一的过程中完成更换发动机的使命,从物质投资驱动转向创新驱动。"③中共中央关于制定国民经济和社会发展第十四个五年规划和 2035 年远景目标的建议指出,推动互联网、大数据、人工智能等同各产业深度融合,统筹推进基础设施建设;系统布局新型基础设施,加快第五代移动通信、工业互联网、大数据中心等建设;加快数字化发展,发展数字经济,推进数字产业化和产业数字化,推动数字经济和实体经济深度融合,打造具有国际竞争力的数字产业集群;加强数字社会、数字政府建设,提升公共服务、社会治理等数字化、智能化水平。

此外,建立数据资源产权、交易流通、跨境传输和安全保护等基础制度和标准规范,推动数据资源开发利用。扩大基础公共信息数据有序开放,建设国家数据统一共享开放平台。保障国家数据安全,加强个人信息保护。提升全民数字技能,实现信息服务全覆盖。积极参与数字领域国际规则和标准制定。④

可以展望,随着我国"十四五"规划目标的实现,将极大地改变我国的经济增长方式,也必将极大地提升我国的国际经济竞争能力。

---

① 中国互联网络信息中心(CNNIC)发布的第 48 次《中国互联网络发展状况统计报告》。

② 中国互联网络信息中心(CNNIC)发布的第 36 次《中国互联网发展状况统计报告》,北京日报,2015 年 7 月 27 日。

③ 姜奇平. 拓展网络经济空间[J]. 中国信息化,2016(5).

④ 《中共中央关于制定国民经济和社会发展第十四个五年规划和二〇三五年远景目标的建议》——2020 年 10 月 29 日中国共产党第十九届中央委员会第五次全体会议通过。

2.4　本章小结

　　网络空间为人类提供了全新的信息交流体验和社会交往方式，对人类社会的生产方式和社会关系的变化起到了巨大的推动作用。但我们也应清楚地看到，网络空间是一把双刃剑，在积极促进经济、文化、政治发展的同时，也给经济、文化、政治的发展带来了消极的影响。因此，对网络空间法治化的研究，对每个国家都具有极其重要的现实意义。

3 网络空间:一个冲突的现实社会

网络空间是一个虚拟的空间,但也是一个现实的社会。网络空间的形成对人类而言无疑具有划时代的积极意义,同时网络空间带来的社会问题也是从网络诞生的那一刻起随之而来。网络空间不是一片纯净的土地,在这片土地上生长着美丽果木的同时,无时不生产着罪恶与不道德等。"从个人层面来看,网络给各种淫秽色情、种族歧视、诽谤侮辱、侵犯隐私等信息提供了土壤;从国家层面来看,互联网的跨越国界性为利用信息技术攻击主权、文化侵入、政治干预提供了平台;从法律层面来看,互联网关于侵犯隐私权、名誉权、肖像权、著作权等侵权行为越来越多;从道德层面来看,传统的道德体系在网络空间中被破坏,有的时候荡然无存。"①因此,网络空间是一个冲突的现实社会,需要用法律去规制,通过法治给网络空间一片纯洁的天空。

3.1 网络空间安全

3.1.1 网络空间安全的概念内涵

2010 年,联合国国际电信联盟认为,网络空间是由计算机、计算机系统、网络及软件、计算机数据、流量数据、内容数据以及用户等要素创建或组成的物理或非物理的交互区域,由于涵盖了用户、物理设施和内容逻辑三个层面,因而赋予了网络空间全新的内涵。根据网络空间的内涵,我们也很容易推导出网络空间安全的概念内涵。

---

① 张化冰. 网络空间的规制与平衡[M]. 北京:中国社会科学出版社,2013:75.

　　安全是指免受威胁的性质或状态。网络空间安全是在信息安全、计算机安全、信息系统安全、网络安全等概念基础上的全新拓展，它与信息安全、网络安全既有相互交叉的部分，也有各自独特的部分。信息安全可以泛称各类信息安全问题；网络安全可以指称网络带来的各类安全问题；而网络空间安全则是指网络空间基本要素和社会活动免受来自各种威胁的状态，它是与陆域、海域、空域、太空并列的五大空间安全问题。网络空间安全主要包括技术性安全和非技术性安全两个维度。其中，技术性安全主要指维护网络空间信息（数据）或系统的保密性、可用性、完整性等安全属性；非技术性安全受各国政治、法律、文化等制度环境的影响，包括网络空间信息（数据）内容的真实性、合法性、归属性、伦理性等都是评判网络空间安全的重要指标。[①]

　　21世纪以来，维护网络空间安全已经成为各国决策者的共识。欧盟早在1992年就发布了《信息安全框架协议》，2005年又发布了《打击信息系统犯罪的框架协议》。美国在2003年发布了《网络空间安全的国家战略》(*National Strategy to Secure Cyberspace*, USA, 2003)。我国于2014年2月成立了中央网络安全和信息化领导小组(Central Leading Group for Cyberspace Affairs)，把网络空间安全问题上升到国家战略的高度。

3.1.2　中国注重网络空间安全的顶层制度设计与未来展望

　　十八大以来，以习近平同志为核心的党中央高度重视网络安全和信息化工作。2014年2月27日，中央网络安全和信息化领导小组成立，习近平总书记亲自担任组长，李克强、刘云山任副组长。习近平在中央网络安全和信息化领导小组第一次会议上强调："网络安全和信息化是事关国家安全和国家发展、事关广大人民群众工作生活的重大战略问题，要从国际国内大势出发，总体布局，统筹各方，创新发展，努力把我国建设成为网络强国。他在讲话中指出，没有网络安全就没有国家安全，没有信息化就没有现代化。建设网络强国，要有自己的技术，有过硬的技术；要有丰富全面的信息服务，繁荣发展的网络文化；要有良好的信息基础设施，形成实力雄厚的信息经济；要有高素质的网络安全和信息化人才队伍；要积极开展双边、多边的互联网国际交流合作。建设网络强国的战略部署要与'两个一百年'奋斗目标同步推进，向着网络基础设施基本普及、自主创新能力显著增强、信息经济全面发展、网络安全保障

---

① 惠志斌，唐涛. 中国网络空间安全发展报告（2015）[M]. 北京：社会科学文献出版社，2015：4.

有力的目标不断前进。"①

2019 年 9 月 16 日,习近平总书记对国家网络安全宣传周做出重要指示:"国家网络安全工作要坚持网络安全为人民、网络安全靠人民,保障个人信息安全,维护公民在网络空间的合法权益。要坚持网络安全教育、技术、产业融合发展,形成人才培养、技术创新、产业发展的良性生态。要坚持促进发展和依法管理相统一,既大力培育人工智能、物联网、下一代通信网络等新技术新应用,又积极利用法律法规和标准规范引导新技术应用。要坚持安全可控和开放创新并重,立足于开放环境维护网络安全,加强国际交流合作,提升广大人民群众在网络空间的获得感、幸福感、安全感。"②习近平总书记的前述有关网络安全的指示精神为新时代做好网络安全工作指明了前进方向,也为做好网络安全工作提供了根本遵循。

当前,5G 通讯、人工智能、大数据、云计算、物联网、工业互联网等新技术新应用大规模发展,网络空间与现实世界进一步融合,网络安全风险多元叠加并快速演变,对整个经济社会发展的渗透、融合、驱动作用日益明显。特别是大国博弈激烈、国际规则失序、外部环境动荡,新冠疫情突发,加之到目前为止,我国尚未能全面掌握新一代信息技术发展的核心技术和规则标准,所有这些使得我国网络空间系统性风险加大,安全保障能力存在巨大的不确定性。

自 2019 年以来,中国网络安全面临的问题突出表现在以下几个方面:"DDOS 攻击高发频发且攻击的组织性与目的性更加凸显;APT 攻击逐渐向重要行业渗透,在重大活动和敏感时期更加猖獗;事件型漏洞和高危'零日'漏洞数量上升,信息系统面临的漏洞威胁更加严峻;工业控制系统产品安全问题依然突出,新技术应用带来的新安全风险隐患更加严峻;数据安全保护意识依然薄弱,大规模数据泄露事件更加频发;'灰色'应用程序大量出现,网络黑产活动专业化、自动化程度不断提升,技术对抗更加激烈;疫情期间网络攻击有增无减、风险攀升。"③

面对我国网络空间系统性风险不断加剧的现状,自 2014 年起,我国已经开始研究并制定相关产业政策,以推动网络信息产业的安全可控。其中包括:2014 年 9 月,银监会下发了银监发〔2014〕39 号文件——《关于应用安全可控信息技术加强银行业网络安全和信息化建设的指导意见》。"《指导意见》中

---

① 习近平.习近平谈治国理政[M].北京:外文出版社,2014:197-198.

② http://www.cac.gov.cn/2019-09/16/c_1570162524717095.htm,2019 年 9 月 16 日 11:33.

③ 中国网络空间研究院编著.中国互联网发展报告(2020)[M].北京:中国工信出版集团,2020:149.

'可控'二字共出现 35 次,这与工信部 2013 年的《信息安全产业"十二五"发展规划》中提到'自主可控'是相吻合的,意见中明确指出'安全可控信息技术在银行业总体达到 75％左右的使用率'。中国的银行业已逐步迈入互联网金融和大数据时代,核心数据的暴露和集中将引发更大的安全挑战,此次指导意见的发布,一方面是对国家政策的积极响应,另一方面是加大银行业安全保障的可控力度。"①

近年来,中国正在加快融入并尝试重塑国际网络空间治理的新格局。这主要表现为以下几个方面:

1. 积极参与相关国际规则的制定

早在 2011 年的第 66 届联合国大会上,我国就与俄罗斯等国共同起草并提交网络空间国际规则倡议——《信息安全国际行为准则》。这是中国在联合国层面推进全球网络空间安全框架的有益尝试。

2. 世界互联网大会:搭建互联互通、共享共治的平台

首届世界互联网大会于 2014 年 11 月 19—21 日在中国浙江乌镇举办,乌镇也成为世界互联网大会的永久会址。这是中国举办的规模最大、层次最高的互联网大会,也是世界互联网领域一次盛况空前的高峰会议,受到各国媒体关注。来自近 100 个国家的政要、国际组织代表、企业高管、网络精英、专家学者等 1 000 多人参加了这一全球互联网界的"乌镇峰会"。习近平总书记在给大会的致辞中表示:"中国愿意同世界各国携手努力,本着相互尊重、相互信任的原则,深化国际合作,尊重网络主权,维护网络安全,共同构建和平、安全、开放、合作的网络空间,建立多边、民主、透明的国际互联网治理体系。"②

第二届世界互联网大会于 2015 年 12 月 16—18 日在浙江乌镇举行。习近平总书记出席并发表重要讲话,关于推进全球互联网治理体系的变革方面,他指出:"'天下兼相爱则治,交相恶则乱。'完善全球互联网治理体系,维护网络空间秩序,必须坚持同舟共济、互信互利的理念,摒弃零和博弈、赢者通吃的旧观念。各国应该推进互联网领域开放合作,丰富开放内涵,提高开放水平,搭建更多沟通合作平台,创造更多利益契合点、合作增长点、共赢新亮点,推动彼此在网络空间优势互补、共同发展,让更多国家和人民搭乘信息时代的快车、共享互联网发展成果。网络空间是人类共同的活动空间,网络空间前途命

---

① 范渊. 自主可控是关键——解读"银监发[2014]39 号文件"[J]. 中国信息安全,2015(1).

② 中共中央党史和文献研究院编. 习近平关于网络强国论述摘编[M]. 北京:中央文献出版社,2021:150.

运应由世界各国共同掌握。各国应该加强沟通、扩大共识、深化合作，共同构建网络空间命运共同体。"①

在2016年第三届世界互联网大会开幕式上，习近平总书记做了视频讲话，他指出："中国愿同国际社会一道，坚持以人类共同福祉为根本，坚持网络主权理念，推动全球互联网治理朝着更加公正合理的方向迈进，推动网络空间实现平等尊重、创新发展、开放共享、安全有序的目标。"②

2017年12月3日，第四届世界互联网大会召开，习近平总书记致以大会贺信，他指出："全球互联网治理体系变革进入关键时期，构建网络空间命运共同体日益成为国际社会的广泛共识。我们倡导'四项原则''五点主张'，就是希望与国际社会一道，尊重网络主权，发扬伙伴精神，大家的事由大家商量着办，做到发展共同推进、安全共同维护、治理共同参与、成果共同分享。"③

2018年，习近平总书记在致第五届世界互联网大会的贺信中指出："世界各国虽然国情不同、互联网发展阶段不同、面临的现实挑战不同，但推动数字经济发展的愿望相同、应对网络安全挑战的利益相同、加强网络空间治理的需求相同。各国应该深化务实合作，以共进为动力、以共赢为目标，走出一条互信共治之路，让网络空间命运共同体更具生机活力。"④

2019年10月，习近平总书记致第六届世界互联网大会贺信，他强调："今年是互联网诞生50周年。当前，新一轮科技革命和产业变革加速演进，人工智能、大数据、物联网等新技术新应用新业态方兴未艾，互联网迎来了更加强劲的发展动能和更加广阔的发展空间。发展好、运用好、治理好互联网，让互联网更好地造福人类，是国际社会的共同责任。各国应顺应时代潮流，勇担发展责任，共迎风险挑战，共同推进网络空间全球治理，努力推动构建网络空间命运共同体。"

2020年11月23日，习近平总书记再致第七届世界互联网大会贺信，他指出："中国愿同世界各国一道，把握信息革命历史机遇，培育创新发展新动能，开创数字合作新局面，打造网络安全新格局，构建网络空间命运共同体，携手

---

① 中共中央党史和文献研究院编.习近平关于网络强国论述摘编[M].北京:中央文献出版社,2021:154.

② 中共中央党史和文献研究院编.习近平关于网络强国论述摘编[M].北京:中央文献出版社,2021:161.

③ 中共中央党史和文献研究院编.习近平关于网络强国论述摘编[M].北京:中央文献出版社,2021:163.

④ 中共中央党史和文献研究院编.习近平关于网络强国论述摘编[M].北京:中央文献出版社,2021:165.

创造人类更加美好的未来。"①

国家网信办和浙江省政府共同举办的 2021 年第八届世界互联网大会"乌镇峰会"，于 9 月 26—28 日在浙江乌镇召开。本次大会的主题是"迈向数字文明新时代——携手构建网络空间命运共同体"。9 月 26 日，国家主席习近平向 2021 年世界互联网大会"乌镇峰会"致贺信。习近平指出："数字技术正以新理念、新业态、新模式全面融入人类经济、政治、文化、社会、生态文明建设的各领域和全过程，给人类生产生活带来广泛而深刻的影响。当前，世界百年变局和世纪疫情交织叠加，国际社会迫切需要携起手来，顺应信息化、数字化、网络化、智能化发展趋势，抓住机遇，应对挑战。中国愿同世界各国一道，共同担起为人类谋进步的历史责任，激发数字经济活力，增强数字政府效能，优化数字社会环境，构建数字合作格局，筑牢数字安全屏障，让数字文明造福各国人民，推动构建人类命运共同体。"②

从 2014 年至今，世界互联网大会在浙江乌镇已经成功举办了八届，第一届，习近平总书记致以贺词，在第二届出席并发表重要讲话，第三届发表了视频讲话，第四至第八届均致以贺信。这些讲话、贺信为世界互联网的治理指明了方向，确立了正确的道路。

3. 为网络空间的全球治理贡献中国智慧与中国方案

2015 年，习近平出席第二届世界互联网大会开幕式并发表主旨演讲指出，各国应该加强沟通、扩大共识、深化合作，共同构建网络空间命运共同体。在此次大会上，习近平提出了推进全球互联网治理体系变革的"四项原则"和共同构建网络空间命运共同体的"五点主张"，赢得了全场广泛赞许和积极响应。推进全球互联网治理体系变革的"四项原则"是，尊重网络主权、维护和平安全、促进开放合作、构建良好秩序。共同构建网络空间命运共同体的"五点主张"是，加快全球网络基础设施建设，促进互联互通；打造网上文化交流共享平台，促进交流互鉴；推动网络经济创新发展，促进共同繁荣；保障网络安全，促进有序发展；构建互联网治理体系，促进公平正义。2017年 3 月，《网络空间国际合作战略》发布，用四项原则、六大目标、九大行动计划，向世界全面宣示中国在网络空间相关国际问题上的政策立场，清晰描绘了中国参与全球网络空间建设的宏伟蓝图，为"构建网络空间命运共同体"

---

① 中共中央党史和文献研究院编. 习近平关于网络强国论述摘编[M]. 北京：中央文献出版社，2021：171.

② http://www.wicwuzhen.cn/web21/information/Release/202109/t20210926_23146429.shtml.

提出中国方案。

4. 向全球互联网治理联盟输送中国的成员

除了诸如举办世界互联网大会主动搭建国际交流平台等有益尝试外，中国还开始直接参与网络空间国际治理的重大事项决策。2015 年 1 月，全球互联网治理联盟选举新一届联盟委员会成员，在 20 名新委员中，中国有两人当选，阿里巴巴董事局主席马云是亚洲和大洋洲地区唯一的私营部门代表。这一系列重大的突破表明，随着中国更加广泛和主动参与全球网络空间治理实践，全球网络空间国际治理体系将迎来一个全新的发展格局。

3.1.3 当代中国网络空间安全发展的对策

可以说，自 2014 年以来，中国政府充分彰显了保障网络空间安全的实力与决心。党的十八届三中、四中全会，党的十九大等把网络安全纳入会议讨论的主要议题，采取了一系列措施保障网络空间的安全。其措施与对策主要如下：

1. 加强党政机关网站的安全管理

2014 年 2 月以来，中央机构编制委员会办公室、中央网络安全和信息化领导小组办公室、工业和信息化部等部门陆续印发了《党政机关、事业单位和社会组织网上名称管理暂行办法》《关于加强党政机关网站安全管理的通知》《关于做好党政机关开办审核、资格复核和网站标识管理工作的通知》等一系列文件，加强党政机关网站的安全管理，提升安全保护水平。

2. 加强关键信息基础设施安全保护制度的建设

关键信息基础设施安全是城市供水、供电等行业正常运转的重要保障，是网络安全的最重要方面。近年来，国家相关部门陆续颁布了《网络安全审查办法》《云计算安全评估办法》《信息安全技术网络安全事件应急演练指南》《信息安全技术网络安全等级保护定级指南》等规范性文件，加强了关键信息基础设施安全保护制度的建设。2021 年 7 月 30 日，国务院总理李克强签署第 745 号国务院令，公布《关键信息基础设施安全保护条例》。该条例针对关键信息基础设施安全保护工作实践中的突出问题，细化《中华人民共和国网络安全法》的有关规定，将实践证明成熟有效的做法上升为法律制度，为保护工作提供法治保障；坚持综合协调、分工负责、依法保护，强化和落实关键信息基础设施运营者主体责任，充分发挥政府及社会各方面的作用，共同保护关键信息基础设施安全。

3. 深入推进数据安全管理和个人信息保护工作

全国人大常委会先后制定了《中华人民共和国数据安全法》《个人信息保护法》《中华人民共和国密码法》；国家网信办发布了《即时通信工具公众信息服务发展管理暂行规定》《关于加强电信和互联网行业网络安全工作的指导意见》《儿童个人信息网络保护规定》《信息技术安全个人信息安全规范》等规范性文件，通过加快推进立法进程，推动数据安全和个人信息保护工作。

4. 升级新技术并同步提升网络安全保障能力

"坚持技术发展与安全同步谋划、同步部署、同步推进，全面应对物联网、IPv6、5G、工业互联网等新技术应用风险。"[①]通过发布《关于深入推进移动物联网全面发展的通知》《加强工业互联网安全工作指导意见》《关于工业大数据发展的指导意见》《关于开展 2020 年 IPv6 端到端贯通能力提升专项行动的通知》等规范性文件，加快推进了构建工业互联网等安全保障体系的进程。

5. 完善网络安全标准体系

截止到 2020 年 9 月，网络安全的国家标准已经发布 313 项。这些标准主要涉及大数据安全、个人信息保护、关键信息基础设施安全保护、网络安全审查等领域。为国家网络安全重点以及《网络安全法》的实施提供了有力的标准化保障。

6. 加强国家网络安全意识的教育工作

为帮助公众更好地了解、感知身边的网络安全风险，增强网络安全意识，提高网络安全防护技能，保障用户合法权益，共同维护国家网络安全，中央网信办会同中央机构编制委员会办公室、教育部、科技部、工业和信息化部、公安部、中国人民银行、新闻出版广电总局等部门，于 2014 年 11 月 24—30 日举办了首届国家网络安全宣传周。

首届国家网络安全宣传周是我国第一次举办全国范围的网络安全主题宣传活动，不仅国家有关职能部门共同参与主办，各省、自治区、直辖市也将同期举办相关主题活动，在全国掀起网络安全宣传的高潮。宣传周以"共建网络安全，共享网络文明"为主题，将围绕金融、电信、电子政务、电子商务等重点领域和行业网络安全问题，针对社会公众关注的热点问题，举办网络安全体验展等

---

① 中国网络空间研究院编著. 中国互联网发展报告(2020)[M]. 北京：中国工信出版集团，2020：158.

系列主题宣传活动,营造网络安全人人有责、人人参与的良好氛围。从 2014 年 11 月 24 日开始,宣传周分别设置了"启动日""政务日""金融日""产业日""电信日""青少年日""法治日"等 7 个主题宣传日,围绕当前网络安全的重点领域,举办专题宣传活动。

2019 年 9 月,习近平总书记对国家网络安全宣传周做出重要指示:"举办网络安全宣传周、提升全民网络安全意识和技能,是国家网络安全工作的重要内容。国家网络安全工作要坚持网络安全为人民、网络安全靠人民,保障个人信息安全,维护公民在网络空间的合法权益。要坚持网络安全教育、技术、产业融合发展,形成人才培养、技术创新、产业发展的良性生态。要坚持促进发展和依法管理相统一,既大力培育人工智能、物联网、下一代通信网络等新技术新应用,又积极利用法律法规和标准规范引导新技术应用。要坚持安全可控和开放创新并重,立足于开放环境维护网络安全,加强国际交流合作,提升广大人民群众在网络空间的获得感、幸福感、安全感。"①习近平总书记的指示为网络安全建设指明了方向,是网络安全建设工作的根本遵循。

从 2014 年开始,我国举办首届网络安全宣传周,已经成功举办了八届。也自 2014 年起,由中央宣传部、中央网信办、教育部、工信部、公安部、中国人民银行、国家广播电视总局、全国总工会、共青团中央、全国妇联等十部门,共同主办国家网络安全宣传周,开展网络安全进社区、进校园、进军营等活动,有效提升了全民网络安全意识和防护技能,"网络安全为人民,网络安全靠人民"的理念深入人心。

2021 年,国家网络安全宣传周于 10 月 11—17 日在全国范围内统一开展,主题为"网络安全为人民,网络安全靠人民"。网安周继续深入宣传贯彻习近平总书记关于网络强国的重要思想,宣传贯彻习近平总书记对网络安全工作"四个坚持"的重要指示。围绕庆祝中国共产党成立 100 周年,特别是党的十八大以来网络安全工作取得的重大成就开展主题宣传活动。结合网络安全领域法律法规、政策标准、重大举措以及人民群众关切的热点问题,宣传网络安全理念、普及网络安全知识、推广网络安全技能,大力营造全社会共筑网络安全防线的浓厚氛围,进一步激发全社会共同维护网络安全的热情。

---

① 中共中央党史和文献研究院编. 习近平关于网络强国论述摘编[M]. 北京:中央文献出版社,2021: 165.

3.2　网络犯罪

3.2.1　网络犯罪的危害性与特征

随着计算机软、硬件技术的飞速发展，以互联网为主体的包括通信网、广播电视传输覆盖网在内的信息网络日益普及，网络在给人们的工作、生活、学习带来极大便利、便捷的同时，网络犯罪也悄然而至，且日益猖獗。在因特网上，"黄"流横溢，"黑客"猖狂，赌场遍布，欺诈不断，侵犯知识产权、侵犯个人隐私、挑拨民族矛盾、传播邪教邪说、传播暴力恐怖信息、蓄意诽谤中伤他人等现象层出不穷。

2014年6月，美国战略与国际问题研究中心（CSIS）发表报告指出，网络犯罪每年给全球带来约4 450亿美元的经济损失，并指出网络犯罪正处于增长期，给贸易、竞争和创新都带来了严重影响。[①] 从全球网络犯罪的数据来看，网络安全问题以每年30%的速度增加，平均20秒就会发生一起黑客事件。目前全世界约有80%的网站都不同程度地存在隐患。

我国的网络安全问题及隐患比较严重，公安部统计数据表明，网络违法犯罪案件呈现逐年增加的趋势。1999年，公安机关立案侦查的计算机违法案件仅为400余起；2000年剧增2 700余起；2002年又突破4 500余起。其中，90%以上的计算机违法犯罪案件涉及网络。[②] 此后网络犯罪都高速增长，2015年1—3月，北京网络安全反诈骗联盟共接到网络诈骗报案4 920例，报案总金额高达1 772.3万元，人均损失3 602元。其中，PC用户报案3 773例，报案总金额为940.5万元，人均损失2 493元；手机用户报案1 147例，报案总金额为831.8万元，人均损失7 252元。2015年第一季度，北京网络安全反诈骗联盟的主要技术支持单位——360互联网安全中心共截获PC端新增恶意程序样本7 422万个，平均每天截获新增恶意程序样本82.4万个；共截获安卓移动平台新增恶意程序样本409万个，比2014年全年截获的新增恶意程序样

---

① James Andrew Lewis, Stewart Baker, "The Economic Impact of Cybercrime and Cyber Espionage", http://csis.org/files/publication/60396tpt_cybercrime_cost_0713_ph4_0.pdf.

② 张越今，孙向宇. 构建全球化的网络犯罪防控机制[J]. 公安研究，2003 (10)：23.

本量还多 83 万个。

2015 年第一季度,360 互联网安全中心共截获各类新增钓鱼网站 344 170 个,拦截钓鱼攻击 59.6 亿次。其中,PC 端拦截量为 56.3 亿次,占总拦截量的 94.5%;移动端为 3.3 亿次,占总拦截量的 5.5%。在新增钓鱼网站中,虚假购物所占比率最大,达到了 55.5%,其次是虚假中奖 19.4%、金融理财 6.5%。而在钓鱼网站的拦截量方面,彩票钓鱼占到了 68.3%,排名第一,其次是虚假购物 13.7%、假医假药 4.3%。2015 年第一季度,360 手机卫士共为全国用户拦截各类垃圾短信约 96.9 亿条,其中,诈骗短信占 12.1%。而在诈骗短信中,冒充熟人的最多,占 28.5%;其次是虚假中奖占 25.6%;冒充银行占 19.9%。2015 年第一季度,用户通过 360 手机卫士标记各类诈骗电话号码 1 164 万个,占用户标记所有骚扰电话总量的 11.9%,平均每天标记 12.9 万个诈骗电话号码。[①]

2016 年以来,公安部部署全国公安机关,开展打击整治网络侵犯公民个人信息犯罪专项行动、打击整治黑客攻击破坏犯罪和网络侵犯公民个人信息犯罪专项行动、"净网 2018""净网 2019""净网 2020"专项行动,持续重拳打击整治侵犯公民个人信息违法犯罪活动,侦破侵犯公民个人信息案件 1.7 万余起,抓获各行业内部人员 3 000 余名,发现并通报一大批涉及金融、教育、电信、交通、物流等重点行业信息系统及安全监管漏洞,打掉了一批非法采集、贩卖公民个人信息的公司。[②]

2020 年,公安部组织开展"云剑——2020""长城 2 号""510"等专项打击行动,坚持立足于境内,集中打击高发类案,全力铲除诈骗窝点,重拳整治黑灰产业,全面加强预警防范,取得阶段性成效。上半年,全国共破获电信网络诈骗案件 10.1 万起,抓获犯罪嫌疑人 9.2 万名,同比分别上升 73.7%、78.4%。从严、从重、从快打击涉疫情诈骗犯罪,共破案 1.6 万起,抓获犯罪嫌疑人 7 506 名,有力地服务全国疫情防控大局。集中打击网络贷款、网络刷单、杀猪盘、冒充客服等 4 类电信网络诈骗高发类犯罪,共捣毁窝点 2 460 个,抓获嫌疑人 1.9 万名,破获案件 2.3 万起,高发类案得到有效遏制。网络贷款类案件占比由年初的 40% 下降至 20%,网络刷单诈骗日均发案下降 30%,杀猪盘案件造成的损失数环比下降 25%,冒充客服类案件连续两个月发案环比下降。严厉打击为电信网络诈骗提供服务的黑灰产犯罪,共捣毁黑灰产犯罪窝点 7 200 余个,

---

① http://hy.cebnet.com.cn/20150504/101173514.html.
② https://baijiahao.baidu.com/s? id=1664076917339884732&wfr=spider&for=pc.

查处黑灰产犯罪嫌疑人 3.2 万名,斩断犯罪链条,堵塞监管漏洞。对诈骗窝点集中、黑灰产泛滥、行业问题突出的重点地域实施红黄牌警告和挂牌整治制度,压实地方主体责任,铲除犯罪土壤,重点地域面貌大为改观。强化技术反制和资金拦截,累计拦截诈骗电话 1.2 亿个,封堵诈骗域名网址 21 万个,为群众直接避免经济损失 666 亿元。全力落实预警劝阻措施,开通 96110 反诈预警专号,进一步提高预警劝阻效率和成功率,累计防止 561 万名群众被骗。全面加强宣传防范,在全国公安机关"百万民警进千万家"活动中专题部署反诈宣传工作,将宣传的触角延伸至居委会、村委会,切实提升群众的识骗防骗能力。①

2019 年,CNCERT 依托中国互联网网络安全威胁治理联盟(CCTGA),加强信息共享,支撑有关部门开展网络黑产治理工作,互联网黑产资源得到有效清理。每月活跃"黑卡"总数从约 500 万个逐步下降到约 200 万个,降幅超过 60.0%。2019 年年底,用于浏览器主页劫持的恶意程序月新增数量由 65 款降至 16 款,降幅超过 75%;被植入赌博暗链的网站数量从 1 万余个大幅下降到不超过 1 000 个,互联网黑产违法犯罪活动得到有力打击。公安机关在"净网 2019"行动中,关掉各类黑产公司 210 余家,捣毁、关停买卖手机短信验证码或帮助网络账号恶意注册的网络接码平台 40 余个,抓获犯罪嫌疑人 1.4 万余名,"黑卡""黑号"等黑色产业链遭到重创,犯罪分子受到极大震慑。②

网络犯罪是犯罪学中的一个新的学术概念,是指行为主体以计算机网络为犯罪工具或攻击对象,故意实施的危害网络安全、侵害网络资源、危害他人和社会的触犯有关法律法规的行为。网络犯罪是现实社会中出现的一种新的高技术、高智能的刑事犯罪,与传统犯罪相比,它有如下特征:

1. 网络犯罪专业性强

犯罪嫌疑人大多具备娴熟的网络技术,他们既熟悉网络的功能与特性,又洞悉网络的漏洞。犯罪的技术含量很高,例如,木木病毒威胁、拖车撞库、流量劫持等案件层出不穷。

2. 网络犯罪团伙化

在网络犯罪中,团伙化的特征非常显著。犯罪分子之间组织化程度很高,各个犯罪分子之间分工精细、密切合作,共同完成一项犯罪。

---

① http://www.gov.cn/xinwen/2020-07/28/content_5530619.htm.
② 国家互联网应急中心(CNCERT)编.2019 年中国互联网网络安全报告[R].2020 - 8 - 11.

3. 网络犯罪侵害的目标较集中

"从国内已经破获的网络犯罪案件来看，犯罪嫌疑人主要是为了非法占有财富、扰乱社会秩序、颠覆国家政权或故意编造传播虚假恐怖信息、进行造谣诽谤、蓄意报复受害人，因而目标主要集中在金融、证券、电信、国防、安全及其他关系国计民生的重要经济部门和单位。在最近发生的一系列典型网络犯罪案件中，主要集中在金融、证券和保险等领域，这不能不引起一些民众的恐慌和不安全感。"[①]

4. 网络犯罪的涉众化

"互联网的基本特征就是将独立的个体连接在了一个虚拟空间内。因此，实施网络犯罪的行为人与遭受不法侵害的被害人之间联系更加紧密，相应地，利用互联网实施的犯罪也就具有涉众广和危害大的特点。"[②]

5. 网络犯罪的跨国境化

这主要是指犯罪分子盘踞国外，利用网络实施国内外的犯罪活动。最为典型的案例是，近年发生的电信诈骗案件，大批电信诈骗分子居住在缅甸等国家，通过网络实施诈骗活动，已经成为一个国际公害。跨国境犯罪活动使得对其侦破难度增大，执法部门很难实现对其有效打击。

3.2.2　网络犯罪的类型及其相关立法

《网络犯罪公约》（*Cyber-crime Convention*）是于 2001 年 11 月由欧洲委员会的 26 个欧盟成员国以及美国、加拿大、日本和南非等 30 个国家的政府官员在布达佩斯所共同签署的国际公约。自此《网络犯罪公约》成为全世界第一部针对网络犯罪行为所制定的国际公约。

《网络犯罪公约》在其第二章的第二至第十条中规定了签署国需要对九类网络犯罪行为进行刑法处罚，分述如下：

1. 非法进入（illegal access）

非法进入是指当针对整个计算机系统或其任何部分的访问是未经授权而故意进行时，每一签约方应采取本国法律下认定犯罪行为必要的立法的和其他手段。签约方可以规定此犯罪应当具有获得计算机数据的意图或其他不诚

---

① 杨涵，苏丽亚. 论新形式下网络犯罪的特征与对策[J]. 河南司法警官职业学院学报，2014(12).
② 江溯. 中国网络犯罪综合报告[M]. 北京：北京大学出版社，2021：26.

实意图，或涉及与另一个计算机系统相连接的计算机系统而侵害安全措施。（原文请参照《网络犯罪公约》的第二章第二条）。

2. 非法截取（illegal interception）

此类行为包括非法截取电脑传送的"非公开性质"电脑资料，此项规定是用以保障电脑资料的机密性。根据欧洲理事会的说明，如果电脑资料在传送时没有意图将资讯公开，即使电脑资料是利用公众网络进行传送，也属于"非公开性质"的资料。

3. 资料干扰（data interference）

这包含任何故意毁损、删除、破坏、修改或隐藏电脑资料的行为，此项规定是为了确保电脑资料的真实性和电脑程序的可用性。

4. 系统干扰（system interference）

此项规定与第三条的"资料干扰"不同，此项规定是针对妨碍电脑系统合法使用的行为。根据欧洲理事会的说明，任何电脑资料的传送，只要其传送方法足以对他人电脑系统构成"重大不良影响"，将会被视为"严重妨碍"电脑系统合法使用。所以在此原则下，利用电脑系统传送电脑病毒、蠕虫、特洛伊木马程序或滥发垃圾电子邮件，都符合"严重妨碍"电脑系统，即构成"系统干扰"的行为。

5. 设备滥用（misuse of devices）

这包含生产、销售、发行或以任何方式提供任何从事上述各项网络犯罪的设备。由于进行上述网络犯罪最简便的方式便是使用黑客工具，因此间接催生了这些工具的制作与买卖，因而有必要严格惩罚这些工具的制作与买卖者，从根本上杜绝网络犯罪行为。（原文请参照《网络犯罪公约》的第二章第六条）。

6. 伪造电脑资料（computer-related forgery）

这包括任何虚伪资料的输入以及更改、删改、隐藏电脑资料，导致相关资料丧失真实性。目前，根据欧洲理事会各成员国法律的规定，伪造文件都是犯罪行为，需要接受刑事制裁，故此规定只是将无实体存在的电脑资料也纳入"伪造文书"的范围。

7. 电脑诈骗（computer-related fraud）

这包括任何有诈骗意图的资料输入、更改、删除或隐藏任何电脑资料，或干扰电脑系统的正常运作，为个人谋取不法利益而导致他人财产损失，这是需要予以刑事处罚的犯罪行为。（原文请参照《网络犯罪公约》的第二章第八条）。

8. 儿童色情的犯罪（offences related to child pornography）

这包括一切在电脑系统生产、提供、发行或传送、取得及持有儿童的色情资料，此项规定是泛指任何利用电脑系统进行的上述儿童色情犯罪行为。（原文请参照《网络犯罪公约》的第二章第九条）。

9. 侵犯著作权及相关权利的行为（offences related to infringements of copyright and related rights）

此规定包括将数条保障智慧财产权的国际公约列为侵犯著作权的行为，《网络犯罪公约》也规定这些行为必须为故意、大规模进行，并使用电脑系统所达成的。①

2014年7月，最高人民法院、最高人民检察院、公安部联合颁布了《关于办理网络犯罪案件适用刑事诉讼程序若干问题的意见》。在充分分析网络犯罪特点的基础上，前述《意见》第一条把网络犯罪案件的范围概括为以下四类：

（1）危害计算机信息系统安全犯罪案件，包括《刑法》第二百八十五条、第二百八十六条规定的非法侵入计算机信息系统罪，非法获取计算机信息系统数据罪，非法控制计算机信息系统罪，提供侵入、非法控制计算机信息系统程序、工具罪，破坏计算机信息系统罪等。

（2）通过危害计算机信息系统安全行为进而实施的盗窃、诈骗、敲诈勒索等其他犯罪案件，包括借助黑客手段利用互联网实施的各种犯罪行为。

（3）在计算机网络上设立主要用于实施犯罪活动的网站、通讯群组或者发布信息，针对或者组织、教唆、帮助不特定多数人实施的犯罪案件，包括在网络上实施的各种涉众型犯罪案件。

（4）除上述犯罪以外，其他主要犯罪行为在网络上实施的案件。

3.2.3　国内外网络犯罪的相关立法

1. 国外有关网络犯罪的相关立法

"欧洲委员会在上世纪80年代就开始就打击网络犯罪的国际合作问题进行研究，开始了《网络犯罪公约》（以下简称《公约》）的准备工作，中间历经27稿，终于在2001年11月23日在布达佩斯获得欧洲理事会通过，并向其成员

---

① 上述1~9点内容请参阅百度百科：http://baike.baidu.com/view/1854675.html，2008-04-20.

国和观察员国开放签署。目前已签署的国家有 33 个。《公约》在设计上确保参与国采取足够的力量与网络犯罪行为斗争，促进参与国在国内和国际层面上对网络犯罪的发现、调查、起诉，并提供快速和可信的组织安排。"①例如，儿童色情框架决定（2004，欧盟），打击信息系统犯罪的框架决议（2005，欧盟），儿童色情预防法（1997，美国），控制未经请求的淫秽信息和营销信息法案（2003，美国），等等。

2. 国内有关网络犯罪的相关立法

（1）刑事立法层面。

① 1997 年，《刑法》中明确规定的四个罪名是侵犯著作权罪、销售侵权复制品罪、非法侵入计算机信息系统罪、破坏计算机信息系统罪。

②《刑法修正案（七）》中增设了三个罪名，即非法获取计算机信息系统数据罪，非法控制计算机信息系统罪，非法控制计算机信息系统程序、工具罪，对我国网络犯罪的立法体系有着重要的补充完善作用。

③《刑法修正案（九）》中规定，对《刑法》原来的有关危害计算机信息系统安全的规定做了补充和完善，强化了互联网服务提供者网络安全的管理责任。将信息网络上常见的、带有预备实施犯罪性质的行为，作为单独的犯罪加以规定。将网络上具有帮助他人犯罪属性的行为，作为专门犯罪加以规定。

④《刑法修正案（十一）》中规定，一是在《刑法》第一百三十四条后增加一条，作为第一百三十四条之一："在生产、作业中违反有关安全管理的规定，有下列情形之一，具有发生重大伤亡事故或者其他严重后果的现实危险的，处一年以下有期徒刑、拘役或者管制：（一）关闭、破坏直接关系生产安全的监控、报警、防护、救生设备、设施，或者篡改、隐瞒、销毁其相关数据、信息的。"二是将《刑法》第二百一十七条修改为：（一）未经著作权人许可，复制发行、通过信息网络向公众传播其文字作品、音乐、美术、视听作品、计算机软件及法律、行政法规规定的其他作品的；（二）出版他人享有专有出版权的图书的；（三）未经录音录像制作者许可，复制发行、通过信息网络向公众传播其制作的录音录像的；（四）未经表演者许可，复制发行录有其表演的录音录像制品，或者通过信息网络向公众传播其表演的；（五）制作、出售假冒他人署名的美术作品的；（六）未经著作权人或者与著作权有关的权利人许可，故意避开或者破坏权利人为其作品、录音录像制品等采取的保护著作权或者与著作权有关的权利的

---

① 陈结淼，鲍祥.《网络犯罪公约》与打击网络犯罪的国际合作——兼评我国相关立法的规定[J]. 安徽警官职业学院学报，2007(4).

技术措施的。

（2）立法解释层面。2000年12月28日，第九届人大通过了《全国人大常委会关于维护互联网安全的决定》。该《决定》是一部立法解释文件。

（3）司法解释层面。最高人民法院、最高人民检察院2004年9月3日发布《关于办理利用互联网、移动通讯终端、声讯台制作、复制、出版、贩卖、传播淫秽电子信息刑事案件具体应用法律若干问题的解释》（法释〔2004〕11号），最高人民法院、最高人民检察院、公安部《关于办理网络赌博犯罪案件适用法律问题的意见》（公通字〔2010〕40号），最高人民法院、最高人民检察院《关于办理危害计算机信息系统安全刑事案件应用法律若干问题的解释》（法释〔2011〕19号），最高人民法院、最高人民检察院《关于办理利用信息网络实施诽谤等刑事案件适用法律若干问题的解释》（法释〔2013〕21号），2014年7月最高人民法院、最高人民检察院、公安部联合颁布《关于办理网络犯罪案件适用刑事诉讼程序若干问题的意见》等。

（4）行政法规等方面的规定。《电信管理条例》《计算机信息系统安全保护条例》《计算机软件保护条例》《计算机病毒防治管理办法》《信息安全登记保护办法》《计算机信息网络国际联网管理暂行规定》等对网络犯罪方面也有相关立法规定。从目前的总体立法情形来看，我国基本形成了惩治网络空间犯罪的立法体系，但尚需进行系统完善。

3.3 网络侵权

3.3.1 网络侵权的概念

"网络侵权是指在网络环境下所发生的侵权行为。所谓网络，是指将地理位置不同，并具有独立功能的多个计算机系统通过通信设备和线路连接起来以功能完善的网络软件及网络操作系统等，实现网络中资源共享的系统。网络侵权是知识侵权的一种形式，网络侵权行为与传统侵权行为在本质上是相同的，即行为人由于过错侵害他人的财产和人身权利，依法应当承担民事责任的行为，以及依法律特别规定应当承担民事责任的其他致人损害行为。"[1]

---

[1] 曹诗权，郭静. 论网络侵权[J]. 云南大学学报（法学版），2003(1).

2014年6月23日，最高人民法院审判委员会第1621次会议通过了《关于审理利用信息网络侵害人身权益民事纠纷案件适用法律若干问题的规定》，其中第一条规定，本规定所称的利用信息网络侵害人身权益民事纠纷案件，是指利用信息网络侵害他人姓名权、名称权、荣誉权、肖像权、隐私权等人身权益引起的纠纷案件。除上述的人身权外，网络侵权的另一个重要方面是对知识产权的侵犯。网上侵犯著作权的行为层出不穷，如许多网站未经著作权人同意擅自将其作品上载到网络中；未与新闻单位签订许可使用合同，擅自转载新闻单位发布的新闻；在网上传播走私盗版的音像制品；等等。《最高人民法院关于审理涉及计算机网络著作权纠纷案件适用法律若干问题的解释》（以下简称《解释》）自2000年12月21日起施行。该司法解释规定了网络著作权侵权纠纷案件管辖地的确定；将数字化作品纳入著作权保护的范围，明确了数字化传播是作品的使用方式之一；根据不同情况规定了网络服务提供者的侵权责任。

3.3.2　网络侵权的责任主体

2014年6月23日，最高人民法院审判委员会第1621次会议通过了《关于审理利用信息网络侵害人身权益民事纠纷案件适用法律若干问题的规定》，其中第三条与第四条规定了确认网络侵权责任主体的具体办法。

（1）原告依据《侵权责任法》第三十六条第二款、第三款的规定起诉网络用户或者网络服务提供者的，人民法院应予受理。

（2）原告仅起诉网络用户，网络用户请求追加涉嫌侵权的网络服务提供者为共同被告或者第三人的，人民法院应予准许。

（3）原告仅起诉网络服务提供者，网络服务提供者请求追加可以确定的网络用户为共同被告或者第三人的，人民法院应予准许。

（4）原告起诉网络服务提供者，网络服务提供者以涉嫌侵权的信息网络用户发布为由抗辩的，人民法院可以根据原告的请求及案件的具体情况，责令网络服务提供者向人民法院提供能够确定涉嫌侵权的网络用户的姓名（名称）、联系方式、网络地址等信息。

（5）网络服务提供者无正当理由拒不提供的，人民法院可以依据《民事诉讼法》第一百一十四条的规定对网络服务提供者采取处罚等措施。原告根据网络服务提供者提供的信息请求追加网络用户为被告的，人民法院应予准许。

2000年12月21日生效的《最高人民法院关于审理涉及计算机网络著作权纠纷案件适用法律若干问题的解释》，其中第四条、第五条与第六条规定了

确认网络侵权责任主体的具体办法,即:

第四条　网络服务提供者通过网络参与他人侵犯著作权行为,或者通过网络教唆、帮助他人实施侵犯著作权行为的,人民法院应当根据《民法通则》第一百三十条的规定,追究其与其他行为人或者直接实施侵权行为人的共同侵权责任。

第五条　提供内容服务的网络服务提供者,明知网络用户通过网络实施侵犯他人著作权的行为,或者经著作权人提出确有证据的警告,但仍不采取移除侵权内容等措施以消除侵权后果的,人民法院应当根据《民法通则》第一百三十条的规定,追究其与该网络用户的共同侵权责任。

第六条　提供内容服务的网络服务提供者,对著作权人要求其提供侵权行为人在其网络的注册资料以追究行为人的侵权责任,无正当理由拒绝提供的,人民法院应当根据《民法通则》第一百零六条的规定,追究其相应的侵权责任。

前述的相关规定由于《民法典》的颁布与实施,相关内容已经修改完善。

3.3.3　网络侵权的相关立法

1. 美国

1977 年,美国国会通过了《联邦计算机系统保护法案》;1981 年,佛罗里达州制定了《计算机犯罪法》。"1984 年,在参考借鉴《计算机犯罪法》的基础上,美国国会通过了《伪装进入设施和计算机欺诈及滥用法》,这是美国联邦的第一部联邦计算机犯罪的成文法,这部法律正式通过联邦法律的形式,确定了美国互联网安全的第一道防火墙。1987 年出台的《计算机安全法》被称为美国的'计算机宪法',在这部法律的指导下,美国联邦政府又相继制定了《电子通信秘密法》《计算机使用安全法》等 70 余部法律,切实保障了美国的互联网安全。"①

2. 法国

2006 年,法国国民议会通过了有关"在信息社会中的著作权及链接权"的法律草案。该法律草案共设有 30 条,"首先确认了欧盟网络安全保护条例的有效性,其次根据法国在此之前在网络知识产权保护以及网络权益保护方面

---

① 李响. 网络侵权行为法立法思考[J]. 江西社会科学,2013(11).

的经验,对法案的具体操作问题做出了规定。法国的网络权益保障法律体系完善程度号称世界之最,其对网络侵权行为的处罚,也是世界各国中最为严厉的"①。

3. 欧盟

2001年,欧盟通过了采用技术鉴定和鉴别行为人责任的相关法律草案。欧洲理事会在《关于网络犯罪的公约》中则明确指出,本公约设立的宗旨是通过敦促缔约国通过适当的立法和政策拟定,建立有效的跨国区域合作,以达成共同的刑事政策,起到加强社会防卫,打击网络欺诈、盗版和危害网络安全等严重的网络犯罪的作用。2019年6月7日,欧盟版权法改革的主要成果是通过了《单一数字市场版权指令》(*Directive on Copyright in the Digital Single Market*)。《版权指令》是继美国《数字千年版权法案》(DMCA)之后,国际上应对互联网产业发展与版权保护新情况的首个重大成果。

4. 中国

在基本法律方面,我国没有一部完善的网络侵权行为法。目前,我国界定网络侵权行为,主要依据《中华人民共和国民法典》《中华人民共和国著作权法》(2001)以及《中华人民共和国民事诉讼法》(2013)等几部基本法律。自2021年1月1日起施行的《民法典》总则第127条规定,法律对数据、网络虚拟财产的保护有规定的,依照其规定;第七编侵权责任编第1194至第1197条对网络用户、网络服务提供者的侵权责任等做出了明确规定。如第1195条规定了网络侵权责任避风港原则的通知义务:网络用户利用网络服务实施侵权行为的,权利人有权通知网络服务提供者采取删除、屏蔽、断开链接等必要措施。通知应当包括构成侵权的初步证据及权利人的真实身份信息。网络服务提供者接到通知后,应当及时将该通知转送相关网络用户,并根据构成侵权的初步证据和服务类型采取必要措施;未及时采取必要措施的,对损害的扩大部分与该网络用户承担连带责任。权利人因错误通知造成网络用户或者网络服务提供者损害的,应当承担侵权责任。法律另有规定的,依照其规定。

第1196条规定了网络侵权责任避风港原则的反通知规则:网络用户接到转送的通知后,可以向网络服务提供者提交不存在侵权行为的声明。声明应当包括不存在侵权行为的初步证据及网络用户的真实身份信息。网络服务提供者接到声明后,应当将该声明转送发出通知的权利人,并告知其可以向有关

---

① 李响. 网络侵权行为法立法思考[J]. 江西社会科学,2013(11).

部门投诉或者向人民法院提起诉讼。网络服务提供者在转送声明到达权利人后的合理期限内，未收到权利人已经投诉或者提起诉讼通知的，应当及时终止所采取的措施。

第1197条规定了网络服务提供者与网络用户的连带责任：网络服务提供者知道或者应当知道网络用户利用其网络服务侵害他人民事权益，未采取必要措施的，与该网络用户承担连带责任。

相关的行政法规及司法解释，如《计算机软件保护条例》（2002）、最高人民法院《关于审理涉及计算机网络著作权纠纷案件适用法律若干问题的解释》（2000）、《信息网络传播权保护条例》（2006）、《关于审理利用信息网络侵害人身权益民事纠纷案件适用法律若干问题的规定》（2014），等等。

3.4　本章小结

从网络安全到网络侵权再到网络犯罪，网络空间已经演变为实实在在的将陆地、海洋、天空和太空四大空间智能地联系起来的一种人造空间。这个空间在给人类带来无限的便利与财富的同时，无时不存在着安全与秩序、侵权与自由、权利与犯罪的冲突。如何通过打击网络空间的犯罪与侵权行为来确保网络空间的安全、秩序、自由成为摆在立法者、执法者、司法者面前的一个艰巨的任务。在世界各国都追求法治的背景下，通过法治思维与法治方式给网络空间一个纯净的天空成为一个国家法治的重要内容。以习近平同志为核心的党中央领导集体站在历史的高度，正在通过顶层制度设计实现网络空间治理的历史性跨越。

4 网络空间治理的法治化模式

由于世界各国的历史、政治、经济、文化背景不同,因而所处的法系存在差异,尽管各国面临着同一个问题即网络空间法治化的问题,但由于前述各国差异的存在,各国所选择的网络空间治理模式有相同的一面,因此治理模式的差异度也是巨大的。本章选择的德国、美国、日本三个主要国家分别代表了欧洲、北美、亚洲三大洲,力求从宏观上鸟瞰这些国家的网络空间治理模式,从中汲取有益的网络空间治理经验,为我国寻找到网络空间治理的最佳模式。

4.1 德国的网络空间治理模式

4.1.1 德国互联网的发展概况与管理机构

德国目前的人口总数约为 8 200 万人,其中网民人数约为 6 500 万人,互联网的普及程度达到了约 80%。① 2010 年 9 月,德国联邦刑事局委托互联网业进行的调查显示,2009 年,警方共处理了 5 万起互联网犯罪,比 2008 年上升了 33%。在互联网犯罪中,网上银行犯罪案件增多。2009 年,此类案件比上一年增加了 68%,并且呈上升趋势。今年不法分子采取网上"钓鱼"等方式在德国盗取的资金将达 1 700 万欧元。在过去的一年中,德国有 43% 的电脑用户受到过有害程序侵害,比上一年增加了 5%。联邦刑事局局长齐尔克表示,大量的网上犯罪并没有被发现,处置的案件"只是冰山一角"。② 对此,德国一

① http://gb.cri.cn/27824/2011/07/23/2225s3315952.htm.
② 王怀成. 德国互联网犯罪呈上升趋势[N]. 光明日报,2010 - 9 - 8.

方面坚守德国《基本法》的规定,采取各种措施保障公民享有的网络权利与自由;另一方面努力实现网络空间的法治化治理,禁止互联网的滥用。

《世界互联网发展报告 2020》显示,2020 年世界互联网发展指数排名中,德国居第 3 位。具体而言,"在信息基础设施指数方面,排名第 19 位;在创新能力指数方面,排名第 2 位;在产业发展指数方面,排名第 12 位,在互联网应用指数方面,排名第 3 位;在网络安全指数方面,排名第 8 位;在网络治理指数方面,排名第 2 位"①。德国的总体发展能力在世界各国排名中居于前列。

《世界互联网发展报告 2021》显示,2021 年世界互联网发展指数排名中,德国居第 4 位。具体而言,"在信息基础设施指数方面,排名第 15 位;在创新能力指数方面,排名第 5 位;在产业发展指数方面,排名第 11 位,在互联网应用指数方面,排名第 6 位;在网络安全指数方面,排名第 7 位;在网络治理指数方面,排名第 4 位"②。德国的总体发展能力在世界各国排名中仍居于前列。

多层面立体的政府监管机构。德国联邦内政部是负责互联网信息安全的最高国家机构,重点防范有害信息的传播。"内政部下属的信息技术安全局,吸收了 300 多名物理、数学、信息学等方面的专家,应对和解决网络安全问题;负责向社会发布安全警告,提供安全技术支持。同属内政部的联邦刑警局,实时跟踪网上可疑信息,负责对信息网进行广泛调查。他们积极与青少年保护部门、网络供应商等合作开展活动,交流侦察有害信息内容的方法和技术;还与美国联邦调查局、欧洲刑警组织等机构开展国际合作,加强打击网络犯罪力度,共同监管互联网信息传播。"③联邦刑警局还下设一个"数据网络无嫌疑调查中心"的机构,即网络警察,专门负责监控有害信息的传播。除了内政部外,在联邦政府层面,德国家庭部设立了青少年有害媒介联邦检验局,在州政府层面设立了青少年媒介保护委员会,其下还设立了青少年保护网络有限公司,共同对德国媒体、网络实施监管,判断其传播的信息是否违反相关法律法规。④

联邦内政部下属的联邦刑警局专门设立了一个类似于"网络警察"的机构,24 小时不间断地跟踪和分析互联网上的信息,搜寻互联网上可能出现的违法行为。德国各个联邦州的警察部门也都建立了相应的机构。此外,德国

---

① 中国网络空间研究院编著. 世界互联网发展报告 2020[M]. 北京:电子工业出版社,2020:30.
② 中国网络空间研究院编著. 世界互联网发展报告 2021[M]. 北京:电子工业出版社,2021:19-35.
③ 张化冰. 网络空间的规制与平衡——一种比较研究的视角[M]. 北京:中国社会科学出版社,2013:146.
④ 王水平. 德国:全面落实审查制与责任制[N]. 光明日报,2012-12-20.

政府每年会邀请司法、经济、学术和互联网科技界人士讨论如何预防互联网犯罪。①

4.1.2　德国的互联网立法

1997 年,德国出台了世界上第一部规范互联网传播的法律——《信息和通信服务规范法》,习惯上被称为《多媒体法》。该法是一部规范约束互联网行为的综合性法律,涉及的范围包括网络服务提供者的责任、保护个人隐私、保护未成年人等。"该法在内容上确立了 5 个中心性原则,分别是:1. 自由进入的原则。2. 对传播内容分类负责的原则。3. 网上交往中数字签名的合法性原则。4. 保护公民个人数据的原则。5. 保护未成年人的原则。"②该法的破旧立新的原则(在制定新的法律条款之前先修改现有的法律条款)、自由与义务并重的原则、对服务提供者的法律责任分类确定的原则、保护消费者尤其是未成年人的原则,对其他国家的相关立法具有开创性的意义,德国也因为该法成为全球范围内对互联网进行立法的先驱,对世界各国的互联网立法产生了深远的影响。

此后,德国陆续出台了《电讯服务法》《电讯服务数据保护法》《数字签名法》,并根据网络传播发展的需要对《刑法法典》《治安条例法》《危害青少年传播出版法》《著作权法》和《报价法》等及时进行修改和完善,加强了对互联网传播内容的控制。《多媒体法》《刑法法典》等法律法规对什么是互联网上的不良信息、什么样的言论应受法律保护和什么样的信息言论应受法律制裁,都做出了具体解释。

近年来,在网络空间治理方面,应重点加强三方面的工作。一是完善信息通信技术安全相关的立法。2021 年 4 月,德国联邦议院批准了《信息安全法2.0》。该法律规定对移动技术的关键部件进行严格审查。二是加强数字平台的反垄断治理。2021 年 1 月,德国联邦议院通过了《数字竞争法》,对互联网公司进行严格控制。三是加强网络内容治理。2021 年 5 月,德国联邦议院通过了经过修订的《网络执行法案》,加强网络用户的权利保护并打击网络上的仇恨言论。

---

① 俄罗斯与德国的互联网发展与管理. 新华网,2011 - 7 - 25.
② 唐绪军. 破旧与立新并举,自由与义务并重——德国"多媒体法"评介[J]. 新闻与传播研究,1997(3).

4.1.3 严苛的互联网治理模式

1. 开展网络审查

德国政府对待"破坏国家民主秩序"的网络言论从不手软。目前,德国有权实施"网页内容审核"的政府部门主要有两个:一是内政部下属的联邦刑警局;二是家庭部下辖的青少年有害媒介联邦检验局。网络警察无须根据具体的嫌疑指控,就可以 24 小时不间断地跟踪和分析互联网上的信息,以发现可疑的网上违法行为,一旦发现登录有违法言论和图片的网站,立即查封或关闭。若涉及本地科、教、文、卫领域问题,各联邦州政府也可下令关闭网站。警方和安全部门为了打击犯罪和保护国家安全,"经过一定的法律程序可以向网络运营商索取相关用户上网信息,网络运营商必须依法提供。德国五大网络运营商与政府签订了'自律条款',将根据联邦刑警局提供的信息,删除和屏蔽互联网上的不良内容。谷歌德国、雅虎德国、美国在线德国等搜索引擎也不得在搜索结果中显示法律禁止的内容"①。"2009 年,德国政府先后 199 次要求谷歌公司提供网络用户资料或屏蔽特定网页,数量在全球仅次于巴西,其中 94 次要求谷歌在搜索结果中不显示特定网站,10 次要求屏蔽'违法博客'。"② 此外,德国还要求服务商不得在链接中出现法律禁止的网站,违者可能面临巨额罚款。

2. 全方位落实责任制

德国要求所有网络参与者都必须承担相应的法律责任。根据德国法律的规定,网络运营商有义务制止通过网络传播的违法内容,例如,色情、恶意言论、谣言、反犹太主义等宣扬种族主义的言论。"网站必须主动配合青少年保护工作,含有色情内容的网站都必须应用'成人认证系统',通过输入个人信用卡信息、身份证等不同方法来确认访问者的年龄。所有网吧电脑必须设置黄色信息过滤器和网站监控系统。公民需要对自己发布在互联网上的内容负法律责任。虽然德国尚未出台互联网实名制的规定,但德国人的邮件地址通常都以真实姓名注册,实名身份在社交网络上的普及率也很高。据今年 6 月份信息技术公司 Bitcom 发起的一项调查显示,德国只有 2% 的社交网络用户使用的是虚假身份,58% 的用户使用的是完整姓名。Facebook、Google＋以及

---

① 王水平. 德国:全面落实审查制与责任制[N]. 光明日报,2012 - 12 - 20.
② 杨勘. 我国政府应对热点网络舆情问题及对策研究[D]. 2017.

Linked In 等知名社交网站都要求用户使用实名注册。挪威奥斯陆枪击案发生后,德国对实行网络实名制的呼声也不断高涨。"①

3. 网络的自律机制

德国政府在对互联网实行严格的政府规制的同时,也积极倡导行业自律,努力实现"受监管的自我监管"。

《青少年媒体保护州际协议》是德国各联邦州共同签署的一份州际协议。这一《协议》为德国互联网、电视、广播等电子媒体的青少年保护构架了联邦统一的法律框架。《协议》于 2003 年 4 月 1 日生效,第五次修正案自 2010 年 4 月 1 日起生效。

《青少年媒体保护州际协议》所遵循的原则是"受监管的自我监管"。这一原则的目标是增强广播电视机构和网络服务提供者的自我责任意识,提高事前控制的可能性。青少年媒体保护委员会(KJM)的成立正是这一原则的体现。随着《青少年媒体保护州际协议》的签署,德国各联邦州的州媒体机构根据《协议》第 14 条的规定,于协议生效之日——2003 年 4 月 1 日共同成立了青少年媒体保护委员会。委员会共有 12 名委员,其工作目标是保障各联邦州在协议执行上的统一。青少年媒体保护委员会有权决定采取青少年媒体保护的相关措施,由州媒体机构负责执行。

在德国,存在着由各个行业协会负责运作或提供资助的"自愿自我规制机构"。本行业青少年媒体保护的监管工作属于这些机构的工作职责之一。广播电视和互联网产业中的"自愿自我规制机构"有电视自愿自我规制机构、电影自愿自我规制机构、多媒体服务提供商自愿自我规制协会、互联网内容分级协会、娱乐软件自我规制机构等。这些机构依照法律和《章程》的规定,积极推动行业自律。《青少年媒体保护州际协议》授予青少年媒体保护委员会对于私人广播电视和电子媒体的监管职权。根据《协议》第 19 条的规定,这些"自愿自我规制机构"需获得青少年媒体保护委员会的承认方可开展工作。青少年媒体保护委员会的职责还包括节目播送时间的确定、网络加密技术及网络提前封锁技术的审批等。"受监管的自我监管"模式一方面由"自愿自我规制机构"从行业内部积极推动行业自律;另一方面由青少年媒体保护委员会扮演外部"监管者"的角色,有效统一并强化了各联邦州的广播电视和互联网监管。②

① 王水平. 德国:全面落实审查制与责任制[N]. 光明日报,2012－12－20.
② 颜晶晶. 传媒法视角下的德国互联网立法[J]. 网络法律评论,2012(2).

4. 各互联网监管机构间的分工与合作

为了顺应互联网迅速发展的趋势，理顺各个监管机构之间的关系，《青少年媒体保护州际协议》规定了青少年媒体保护委员会、联邦危害青少年媒体检查处之间的分工与合作。根据《青少年媒体保护州际协议》第 18 条的规定，以公益有限责任公司建立的企业，主要负责电子媒体，尤其是互联网青少年保护事务的运营。根据《协议》的规定，该公司由各联邦州媒体机构和各联邦州资助。联邦危害青少年媒体检查处是德国联邦家庭、老人、妇女及青少年部的下属部门，负责危害青少年的媒体的审查。该部门是有权将危害青少年的媒体纳入禁止目录的联邦政府部门。

在浩如烟海的互联网信息中，危害青少年的互联网信息是如何被发现、审查并最终被封锁的呢？形象地说，jugendschuts.net 是"发现者"，青少年媒体保护委员会是"审查员"，联邦危害青少年媒体检查处则是"裁决者"。《青少年媒体保护州际协议》生效后，在组织上改由青少年媒体保护委员会领导。在成立之初，只针对媒体服务即直接面向社会公众的内容进行审查。《协议》生效后，其权限范围扩展至互动式和交际式内容的审查，例如，网络聊天、即时通信、文件共享等。如果通过网络搜索，发现互联网上的某些内容有违反《青少年媒体保护州际协议》之嫌，有权向该内容提供者指出，并通知青少年媒体保护委员会。对危害青少年的互联网信息，公民也是提请审查的主体。当公民在互联网上发现可疑内容时，可以直接提请所住地区的青少年局进行审查。青少年局经审查，如果认为所涉信息违反青少年媒体保护规定，则向联邦危害青少年媒体检查处提交申请。联邦危害青少年媒体检查处在做出纳入禁止访问目录的决定之前，可以征求青少年媒体保护委员会的意见。[①]

综上所述，德国的宪法中规定了言论自由的权利，也把互联网的言论划归"言论"的一种，纳入言论自由保护的范围。无论是从德国的媒介管理传统还是其法律特征来看，德国对滥用新闻自由始终坚持严厉的管制，透过《多媒体法》，德国对网络内容进行了严厉性和严密性的调控，但也规定了网络的自由准入原则。因此，德国网络空间法治管理模式的特点是在自由与限制之间寻找一种平衡。

---

① 颜晶晶. 传媒法视角下的德国互联网立法[J]. 网络法律评论,2012(2).

4.2　美国的网络空间治理模式

4.2.1　美国互联网的发展概况与管理机构

美国的互联网商业化开始于 1994 年,到 20 世纪末经历了一个迅速发展的高潮。到 2008 年,美国互联网用户人数达到 1.9 亿人,Google 成为美国用户规模最大的网站,雅虎、微软、美国在线和福克斯互动传媒排名其后。到 2011 年,美国互联网用户人数达到 2.72 亿人,互联网的普及率近 90％,52％的人拥有一个或多个社交网站账号。[①]

2010 年 8 月,《Inc.》杂志评出美国发展最快的 5 000 家中小企业,其中 60 家为媒体公司。这些媒体公司中有 89％ 是以宽带互联网、电信网和有线网为传播平台的新兴媒体,其中以视频信息传播为主体的高达 76％。这 60 家媒体中排名前 11 位的全是网络新媒体公司。[②] 作为世界互联网大国,美国始终引领世界互联网技术创新发展。

《世界互联网发展报告 2020》显示,2020 年世界互联网发展指数排名中,美国依然居首位。"在信息基础设施指数方面,排名第 3 位;在创新能力指数方面,排名第 1 位;在产业发展指数方面,排名第 1 位,在互联网应用指数方面,排名第 1 位;在网络安全指数方面,排名第 1 位;在网络治理指数方面,排名第 1 位。"[③]

《世界互联网发展报告 2021》显示,2021 年世界互联网发展指数排名中,美国依然居首位。"在信息基础设施指数方面,排名第 4 位;在创新能力指数方面,排名第 1 位;在产业发展指数方面,排名第 1 位,在互联网应用指数方面,排名第 1 位;在网络安全指数方面,排名第 1 位;在网络治理指数方面,排名第 1 位。"[④]

基于国家战略的需要,美国政府一直大力支持发展互联网行业。自 2010 年开始推进 IPv6 的新一代互联网发展计划,到 2014 年完成全国性的 IPv6 升

① 吴小坤等. 美国新媒体产业[M]. 北京:中国广播电视出版社,2012:70.
② 周笑. 美国新媒体产业最新发展趋势研究[J]. 电视研究,2011(6).
③ 中国网络空间研究院编著. 世界互联网发展报告 2020[M]. 北京:电子工业出版社,2020:30.
④ 中国网络空间研究院编著. 世界互联网发展报告 2021[M]. 北京:电子工业出版社,2021:19-35.

级改造。在美国，互联网主要由司法部的反托拉斯局和商务部的国家电信局与信息管理局负责，美国政府主要通过这几个部门对互联网进行管理。此外，还有一些专门的委员会对某个领域的具体事务进行管理，比如，联邦通信委员会（FCC）对美国的通信产业的发展具有巨大的影响力，直接对国会负责。它共有6个局组成，即媒体局、电缆竞争局、消费与政府事务局、国际局、执行局、无线电信局。

总体而言，美国没有统一的互联网管理机构，有关互联网的事务主要由隶属于商务部的国家电信与信息管理局、联邦通信委员会、美国联邦贸易委员会等部门负责。在"9·11"事件后，国土安全部等部门对互联网的规制权限逐渐加大，重点负责网络安全等。"互联网名称与数字地址分配机构"（ICANN）负责全世界的域名服务器系统管理和域名管理等。但近年来，美国完善了网络安全机构的设置，明确了网络安全部门的职责，美国国家安全局成立了网络安全理事会，整合美国情报总监办公室关于网络安全的职能，成立"情报网络执行机构"（IC cyber executive），全面加强情报收集、网络防御、网络作战等能力。

4.2.2　美国的互联网立法

"从上世纪90年代互联网兴起之初，美国就开始了第一波立规建制行动。当时，主要针对网上色情内容泛滥对未成年人的影响，美国国会通过了《通信内容端正法案》。时至今日，就'在多大程度上限制言论自由''如何以最佳方式保护未成年人'及'打击网络违法活动'等问题，民众、互联网服务商与立法者之间的辩论仍在激烈持续。可以说，美国的网络世界与政府管理从一开始就如影随形。作为互联网的创始国，美国也是最早对互联网内容进行约束和管理的国家。仅在1996年到2001年互联网发展的爆发期，美国就通过了《禁止电子盗窃法》《反域名抢注消费者保护法》《数位千年版权法》《互联网税务自由法》《儿童在线保护法》《美国商标电子盗窃保护法》《儿童互联网保护法》《全球及国内商务电子签名法》和《统一电脑信息传送法》等一大批法律法规。'9·11'恐怖袭击之后，反恐事务重要性的直线上升进一步挤压了美国互联网的自由度。根据美国国会在'9·11'后通过的《爱国者法案》《国土安全法》等，安全部门可以反恐为由窃听民众的电话和互联网通信内容。"[1]

---

[1]　余晓葵. 美国：网络立法起步最早、数量最多[N]. 光明日报，2012 - 12 - 21，第02版.

近年来,为了确保前沿技术领先,美国参议院和众议院两院密集引入多部相关法案,如通过了《网络安全漏洞修复法案》《情报授权法案》《阻止黑客入侵并改善电子数据安全法案》《国家 5G 安全战略》《2020 5G 安全保障法》《安全和可信通信网络法》等。

4.2.3　"少干预,重自律"的互联网治理模式

美国是互联网的诞生地,也是在互联网监管方面法律最完备、机构最健全、技术最先进的国家之一。"美国最基本的有关媒体内容和运营的法律是《第一修正案》。《1934 年通讯法》和修订后的《1996 年联邦电信法》是指导美国传媒产业发展的基本法律规范。美国的网络立法现状大致可以从联邦和州两个层次来看:从联邦的层次来看,美国最高法院、联邦审判法院和申诉法院组成了美国的联邦司法体系,他们能够对电信管理机构进行监督,在表达自由权和其他紧迫重大的社会利益之间进行取舍。法院所要决定的重大问题之一,是许可政府应该在什么情况下对表达自由的权利进行限制。从州的层次来看,各州拥有各自的立法。通过各种不同管理机构之间一定程度上的合作,来顺应当地的发展。"①所有的这些制度体系很好地顺应了当地的网络空间的发展。

总的来看,美国在互联网监管方面有以下几大特色:

1. 依法管网

"早在 1977 年,美国便颁布了《联邦计算机系统保护法》,开创了将法制引入网络空间的先河。可以说,互联网在美国每向前发展一步,法律都会如影随形般地紧紧跟随。正是与互联网活动有关的法律体系,使行业准入、数据保护、网络沟通、消费者权益保障等网络行为得到了保驾护航,让欺诈、诽谤、色情、盗版等网上违法、犯罪行为受到了法律震慑。"②

2. 与时俱进

"进入 21 世纪以来,随着恐怖主义等非传统安全领域的威胁日益突出,以及即时通信、社交网站等新兴网上通信、传播工具的出现,美国一方面努力通过立法完善对通过网络散播、沟通恐怖主义信息的打击,另一方面逐步探索对新兴社交媒体的法律监管手段,以加强对个人隐私信息外泄的防范,为公众提供安全、放心的上网环境。2012 年 2 月,美国政府提出《互联网用户隐私权利

---

① 崇银凤. 全媒体时代下的公共舆论引导研究[D]. 2013.
② 网络监管处处有"狠招"[N]. 河南日报,2016-04-22,第 11 版.

法案》，要求企业在使用网民数据时必须保持透明，并保证用户的数据安全。"①

3. 力量整合

"近年来，美国相继成立了反击网络黑客指挥部、国家网络安全与通信整合中心等专门机构，整合联邦政府不同部门的网络监管职能，及时发现、阻止和惩处网上违法、犯罪行为。"②

4. 网络自律机制

其一，建立行业自律机制。在政府积极探索立法手段的同时，美国互联网管理在业界实践中主要体现为由商业网站对用户提交内容进行自我管理，"其中以社交网站和新闻网站最具代表性。例如，美国著名分类广告网站Craigslist 上的'成人服务广告'曾一度占到其收入的 1/3。面对各方压力，该网站首先采取了人工审查制度，即每条广告必须通过网站审核后才能发布"③。在美国各州政府、未成年人保护组织的进一步教促下，该网站于 2010年 9 月在国会听证会上宣布永久性关闭美国站点上的这一版块，随后又将其在加拿大、南非等国际站点上的相关版块关闭。"'从脸谱到谷歌＋'，从《华尔街日报》到《纽约时报》，美国知名的社交网络和主流媒体网站都要求或者鼓励用户和读者进行实名注册或评论，明确说明网站有权删除用户发布的内容。"④

其二，民间组织自建管理机制。自律性组织是推动网络信息自律机制的重要力量。民间组织率先提出建立自律模式，通过自觉的研究、摸索、试验和示范来引导和推动互联网的健康发展。纽约的媒体道德联盟主张建立网上道德标准，在名为 www.moralityinmedia.org 的网站上，他们提供了反色情邮件指南，建议网民如何应对，如何与 ISP 联系，以及判断对方是否触犯法律等方法。

其三，建立技术手段控制自律机制。"目前网络舆论控制最常见的技术手段是对内容进行分级与过滤。麻省理工学院所属的 W3C(World Wide Web Consortium)推动了 PICS(Platform for Internet Content Selection)技术标准协议，它设立网络分级制度标准，完整定义了网络分级所采用的检索方式。以

---

① 网络监管处处有"狠招"[N]. 河南日报，2016－04－22，第 11 版.
② 网络监管处处有"狠招"[N]. 河南日报，2016－04－22，第 11 版.
③ 王路. 世界主要国家网络空间治理情况[J]. 中国信息安全，2013(10).
④ 李宓. 政府立法 业界自律[N]. 太原日报，2012－06－11，第 07 版.

PICS 为发展核心的 RSAC 研发例如 RSACi（RSAC on the Internet）分级系统，主要以网页呈现内容中的性（sex）、暴力（violence）、不雅言论（language）或裸体（nudity）的表现程度等四个项目作为依据进行分级。SafeSurf 也是美国一个著名的分级服务商，建设让孩童及网络使用者免受成人与色情等网络内容伤害的自我分级（self-rating）系统。"①

5. 强调"美国优先"，维护网络空间主导权

美国泛化国家安全概念，推行单边主义、贸易保护主义，运用"长臂管辖"，动用"实体清单"，发布"清洁网络计划"等，将数字技术政治化，扩大本国法律的适用范围。如 2020 年 5 月 15 日，美国商务部产业与安全局对美国《出口管制条例》进行重大修改，进一步扩大了其"长臂管辖"的范围；2020 年 5 月 22 日，美国发布了《美国国家安全、出口管制与华为：三个框架下的战略背景》，美国对那些用于华为的外国制造产品实施许可证要求。

4.3 日本的网络空间治理模式

4.3.1 日本互联网的发展概况与发展战略

20 世纪末，日本的互联网行业迎来了其发展的高潮，总体而言，日本互联网经历了 1995—2003 年的快速增长以及 2003 年以后的稳定增长阶段。截止到 2011 年年底，日本的互联网用户达到 9 610 万人，普及率为 79.1％。其中在在家里使用计算机上网的用户中，宽带使用率达到 81.9％，使用移动电话上网的用户数量超过了 1 亿人。

在 21 世纪日新月异的信息化发展浪潮中，日本因其高质量的网络建设、先进的信息技术应用和前瞻性的信息产业战略规划，而成为全球 ICT 领域的领先国家。

2001 年 1 月 22 日，日本内阁所属的 IT 战略总部发布的《e-Japan 战略》，提出通过实施四大举措，使日本在 5 年内成为世界上最先进的信息化国家："其一，建立超高速互联网，提供最先进的数据业务和互联网接入；其二，制定电子商务发展政策；其三，实现电子政务；其四，为新时代培育高素质 IT 人才。

---

① 石萌萌. 美国网络信息管理模式探析[J]. 国际新闻界，2009(7).

e-Japan 使 2001 年成为日本宽带市场转折的一年。NTTdocomo、KDDI 等运营商看准时机,纷纷进入宽带接入市场。一时间,日本宽带 ISP 数量激增,从而带动全国宽带用户实现了大规模的增长。2003 年 7 月,日本开始实施 e-Japan 第二阶段战略,打造泛在(Ubiquitous)网络这一下一代的基础设施,使医疗服务、食品、日常生活、中小企业财务、咨询、就业和劳务等得到改善。为配合此战略的实施,日本信息与通信省制定了'u-Japan 综合政策',希望在2010 年将日本建设成为'任何时间、任何地点、任何人、任何物'都可以上网的环境。"①

近年来,日本加快了移动互联网和数字经济发展的步伐,并取得了巨大的成就。《世界互联网发展报告 2020》显示,2020 年世界互联网发展指数排名中,日本居第 13 位。"在信息基础设施指数方面,排名第 15 位;在创新能力指数方面,排名第 3 位;在产业发展指数方面,排名第 17 位,在互联网应用指数方面,排名第 13 位;在网络安全指数方面,排名第 17 位;在网络治理指数方面,并列第 2 位。"②

《世界互联网发展报告 2021》显示,2021 年世界互联网发展指数排名中,日本居第 11 位。"在信息基础设施指数方面,排名第 13 位;在创新能力指数方面,排名第 2 位;在产业发展指数方面,排名第 17 位,在互联网应用指数方面,排名第 10 位;在网络安全指数方面,排名第 13 位;在网络治理指数方面,并列第 8 位。"③

4.3.2 日本的互联网立法

"早在 1984 年,日本制定了管理互联网的《电讯事业法》。进入 21 世纪之后,随着互联网技术的发达和网络的普及,日本相继制定了《规范互联网服务商责任法》《打击利用交友网站引诱未成年人法》《青少年安全上网环境整备法》和《规范电子邮件法》等法律法规,有效遏制了网上犯罪和违法、有害信息。"④

日本对互联网的管理除了依据刑法和民法之外,"还制定了《个人信息保护法》《反垃圾邮件法》《禁止非法读取信息法》和《电子契约法》等专门法规来

---

① 赵经纬. 从 x-Japan 模式看日本新一代网络发展策略[J]. 通讯世界周刊,2009(39).
② 中国网络空间研究院编著. 世界互联网发展报告 2020[M]. 北京:电子工业出版社,2020:19-35.
③ 中国网络空间研究院编著. 世界互联网发展报告 2020[M]. 北京:电子工业出版社,2020:4.
④ 郝桂玮. 网络犯罪及其综合治理研究[D]. 2013.

处置网络违法行为。网络服务提供商 ISP 和网络内容提供商 ICP、网站、个人网页、网站电子公告服务,都属于法律规范的范畴。信息发送者通过互联网站发送违法和不良信息,登载该信息的网站也要承担连带民事法律责任,网站有义务对违法和不良信息进行把关"[①]。正是因为日本政府制定了完善的法律体系并不断对其进行充实完善,才有效维护了日本网民正常的上网环境。

近年来,日本不断完善个人数据保护规则,2019 年 11 月,日本通过了《数字及平台交易透明化方案》;2020 年 6 月,日本国会通过了《个人信息保护法》修订案,要求平台在向第三方提供互联网浏览历史等个人数据时,必须征得用户的同意,进一步加强了公民个人信息保护。

4.3.3　日本的互联网治理模式

"面对 1 亿多的互联网用户,日本选择了与中国不同的治理模式——政府指导型模式。日本政府很少直接利用行政手段干涉互联网治理,主要以立法与民间自律的形式来保障互联网安全、规范互联网健康发展。"[②]

1. 依据法律的治理

"日本非常重视法律在互联网治理中的作用,为此而制定了系统而全面的法律,几乎所有有关互联网问题都能找到法律依据、可以通过法律解决。日本互联网立法重点主要是对网络安全和网络犯罪立法、对互联网服务商行为的约束及规范。其一,重视对网络安全和网络犯罪立法。日本政府严厉打击危害社会稳定、国家安全的网络行为。其二,通过立法规定互联网服务商的法律责任。日本政府认为,让网民意识到对自己在网上的任何行为应负有法律责任,让互联网服务商意识到自己有责任清除互联网上的不良信息才是治理互联网的良策,因此日本政府特别重视网络服务商在互联网治理中的作用。"[③]

2. 网络的自律机制

"日本在互联网发展之初就很少利用政府权威进行治理。1996 年,日本发布的《关于互联网上信息的流通报告书》中明确指出互联网治理以行业自我管理为主,'不应用法律做出新的规定',日本的互联网治理就以这一法则为原则,基本上采取行业自律的方式。依据这一原则,日本成立了名目繁多的互联

① 周永坤. 网络实名制立法评析. http://thinkerding.blog.sohu.com/258401394.html,2013 - 03 - 23.
② 王慧芳. 中日互联网治理比较研究[D]. 2014.
③ 王慧芳. 中日互联网治理比较研究[D]. 2014.

网协会,主要包括日本互联网信息中心、电气通信业者协会、电信服务业提供商协会等组织。为规范互联网,相关协会制定了一系列行业规范来保障互联网的健康发展。其中《互联网伦理事业准则》是日本的第一部行业自律法规,规定了互联网行业应遵循的基本原则。"①

4.4　中国的网络空间治理模式

4.4.1　中国互联网的发展概况与发展战略

2015 年 7 月 23 日,中国互联网络信息中心(CNNIC)在北京发布第 36 次《中国互联网络发展状况统计报告》。《报告》称,农村互联网普及率低但重点人群可转化空间大。《报告》显示,截至 2015 年 6 月,我国手机网民规模达5.94 亿人,较 2014 年 12 月增加 3 679 万人,网民中使用手机上网的人群占比由 2014 年 12 月的 85.8%提升至 88.9%,随着手机终端的大屏化和手机应用体验的不断提升,手机作为网民主要上网终端的趋势进一步明显。数据显示,我国农村网民规模达 1.86 亿人,与 2014 年年底相比增加 800 万人。目前城镇地区与农村地区的互联网普及率分别为 64.2%和 30.1%,相差 34.1 个百分点。农村地区 10～40 岁人群的互联网普及率比城镇地区低 15～27 个百分点,这部分人群互联网普及的难度相对较低,将来可转化的空间也较大。

移动商务类应用拉动网络经济增长,信息获取类应用注重个性化服务。由于移动端即时、便捷的特性更好地契合了网民的商务类消费需求,伴随着手机网民的快速增长,移动商务类应用成为拉动网络经济增长的新引擎。2015年上半年,手机支付、手机网购、手机旅行预订用户规模分别达到 2.76 亿、2.70亿和 1.68 亿人,半年度增长率分别为 26.9%、14.5%和 25.0%。与此同时,搜索引擎、网络相关图示新闻作为互联网的基础应用,使用率均在 80%以上,使用率提升的空间有限。但随着搜索引擎和网络新闻在技术融合、产品创新、个性化服务方面的不断探索,未来几年内在使用深度和用户体验上会有较大突破。

《世界互联网发展报告 2020》显示,2020 年世界互联网发展指数排名中,

---

① 王慧芳. 中日互联网治理比较研究[D]. 2014.

我国居第 2 位。"在信息基础设施指数方面,排名第 2 位;在创新能力指数方面,排名第 6 位;在产业发展指数方面,排名第 2 位,在互联网应用指数方面,排名第 4 位;在网络安全指数方面,排名第 39 位;在网络治理指数方面,排名第 2 位。"①

《世界互联网发展报告 2021》显示,2021 年世界互联网发展指数排名中,我国居第 2 位。"在信息基础设施指数方面,排名第 5 位;在创新能力指数方面,排名第 4 位;在产业发展指数方面,排名第 2 位,在互联网应用指数方面,排名第 2 位;在网络安全指数方面,排名第 30 位;在网络治理指数方面,排名第 2 位。"②

时隔 6 年,2021 年 8 月 27 日,中国互联网络信息中心(CNNIC)在北京发布第 48 次《中国互联网络发展状况统计报告》。截至 2021 年 6 月,我国网民总体规模超过 10 亿人,庞大的网民规模为推动我国经济高质量发展提供了强大的内生动力。截至 2021 年 6 月,我国 IPv6 地址数量达 62 023 块/32,较 2020 年年底增长 7.6%。移动电话基站总数达 948 万个,较 2020 年 12 月净增 17 万个。我国已建立起全球最大的信息通信网络。一是我国拥有全球最大的信息通信网络。截至 2021 年 4 月,我国光纤宽带用户占比提升至 94%,固定宽带端到端用户体验速度达到 51.2Mbps,移动网络速率在全球 139 个国家和地区中排名第 4 位。二是我国 5G 商用发展实现规模、标准数量和应用创新三大领先。截至 2021 年 5 月,我国 5G 标准必要专利声明数量占比超过 38%,位列全球首位;5G 应用创新案例已超过 9 000 个,5G 正快速融入各个行业,并已形成系统领先优势。三是工业互联网"综合性＋特色性＋专业性"的平台体系已基本形成。近年来,我国工业互联网平台体系已基本形成,具有一定行业和区域影响力的工业互联网平台超过 100 家,连接设备数量超过了 7 000 万台(套),工业 APP 超过 59 万个,"5G＋工业互联网"在建项目超过 1 500 个,覆盖 20 余个国民经济重要行业。③

"2015 年中国互联网发展十大动向"评选活动自 2015 年 12 月上旬启动,筛选出最能代表 2015 年中国互联网发展情况的十大动向,从中可以看出中国政府未来的互联网发展战略的走向。

1. 中国首倡"共同构建网络空间命运共同体"

2015 年 12 月 16—18 日,第二届世界互联网大会在乌镇召开,规模空前。

---

① 中国网络空间研究院编著. 世界互联网发展报告 2021[M]. 北京:电子工业出版社,2021:19－35.
② 中国网络空间研究院编著. 世界互联网发展报告 2020[M]. 北京:电子工业出版社,2020:32.
③ 中国互联网络信息中心(CNNIC)发布的第 48 次《中国互联网络发展状况统计报告》。

习近平主席出席大会并发表主旨演讲，倡议"共同构建网络空间命运共同体"，提出五点主张。互联网互联互通，已经将整个世界连为一体，理应共享共治。中国在积极建设、发展互联网的同时，一直在探索网络空间的依法治理，此次世界互联网大会提出"网络空间是人类共同的活动空间，网络空间前途命运应由世界各国共同掌握"，将开启中国积极主动参与世界互联网建设、治理的征程。

2. "互联网＋"上升为国家战略

2015 年 3 月 5 日，李克强总理在政府工作报告中提出，制定"互联网＋"行动计划，促进以云计算、物联网、大数据为代表的新一代信息技术与现代制造业、生产性服务业等融合创新，这表明互联网已上升为国家战略。全国已有 20 多个省级地方政府与互联网公司签订战略合作协议，在云计算、大数据、智慧城市建设、互联网公共服务、电子商务、互联网金融等方面开展全面深入合作。

3. 从网络大国走向网络强国号角吹响

2015 年 10 月，党的十八届五中全会通过的"十三五"规划明确提出："实施网络强国战略，加快构建高速、移动、安全、泛在的新一代信息基础设施。"无论是从网民规模、网络信息发布量、电子商务交易量与交易额，还是从网络带宽、3G 和 4G 用户、互联网企业实力与规模来看，中国已经是名副其实的互联网大国。中国互联网产业发展稳健，市场竞争充分，自主创新能力增强，移动互联网发展尤为可喜，技术创新与市场占有率都大幅提高，华为、腾讯等企业的国际化程度也都有提升，中国具有成为互联网强国的潜质与决心。

4. 互联网智能制造正推动智慧产业发展

智慧产业的一个典型特征是物联网、云计算、移动互联网等新一代信息技术在产业领域的广泛应用。2015 年，互联网智能制造成为工业 4.0 和智慧产业发展的主导模式。2015 年 3 月，工信部发布了《2015 年智能制造试点示范专项行动实施方案》。智能制造"十三五"发展规划也成为工信部"十三五"规划体系的重要组成部分。

5. 大数据应用全面提速

互联网的快速发展促进了我国大数据应用。政府、企业、用户对大数据的理解已经从技术层面转变为应用层面。国务院印发的《促进大数据发展行动纲要》提出未来 5～10 年我国大数据发展和应用的目标，包括 2017 年年底前形成跨部门数据资源共享共用格局,2018年年底前建成国家政府数据统一开放平台等。

6. 移动互联网成为互联网最具活力的"基因"

据工信部统计,截至2015年10月,我国移动电话用户规模突破13亿人,移动互联网用户数达到9.5亿户,月户均移动互联网接入流量达到361.6M,同比增长88.3%。我国已建成全球最大的第四代移动通信(4G)网络。截至2015年9月月底,4G用户总数达到3.02亿户,占移动电话用户总数的23.3%。我国还宣布与欧盟共同就5G的技术标准及市场准入原则进行协商。

7. 网络空间法治化加速推进

依法治网是中国网络空间治理模式的主要特征。互联网"新疆域"不是"法外之地"已成为社会共识。党的十八大以来,我国网络空间法律体系已现雏形,涵盖了网络安全立法、互联网基础设施与基础资源立法、互联网服务立法、电子政务立法、电子商务立法以及互联网刑事立法等众多方面。

8. 互联网为深入实施创新驱动发展战略创机遇

2015年,《政府工作报告》首次将"大众创业、万众创新"(双创)上升到国家经济发展新引擎的战略高度。5月,李克强总理亲自走进中关村互联网创业大街调研,倡导创业创新。9月,中央政治局委员走进中关村,采取调研、讲解、讨论相结合的形式,以"实施创新驱动发展战略"为题举行第九次集体学习。

9. 互联网助力分享经济重构新业态

2015年10月29日,中共十八届五中全会公报出现"分享经济"一词,提出要"发展分享经济"。正是互联网技术的发展让分享经济跨入新的发展阶段。

10. 互联网消除了媒体与非媒体平台的边界

一方面,中央全面深化改革领导小组去年第四次会议审议通过《关于推动传统媒体和新兴媒体融合发展的指导意见》后推动媒体融合的步伐大大加速;另一方面,新闻网站开始在媒体平台上做电子商务,阿里巴巴大批收购媒体、游戏平台、电商平台、软件平台……已开始发布即时信息。数字化平台在技术上没有媒体与非媒体的边界,法律和政策才是它们的边界。①

到目前为止,我国互联网沿着2015年的"中国互联网发展的十大动向"快

---

① 以上1~10请参阅:http://media.people.com.cn/n1/2016/0106/c40606-28018529.html。

速发展,取得了世界瞩目的辉煌成就,特别是互联网的运用方面,始终处于世界的前列。但我们也应看到,虽然我国的互联网治理能力较强,但是我国的网络安全水平依然很低,尚需要加大力气进行治理。

4.4.2　中国的互联网治理模式

"经过二十多年的实践,中国按照适应本国国情、符合国际通行做法、遵循互联网发展规律的原则,逐步建立了法律规范、行政监管、行业自律、技术保障、公众监督和社会教育相结合的互联网治理体系。"①"中国始终贯彻政府统筹引领,各方共同参与的治理理念。政府发挥统筹引领作用。综合采用法律规制、行政管理、产业政策、技术标准、宣传教育等多种措施,统筹协调各方积极参与互联网治理,引领调动各方力量共同推进互联网发展,建立了既符合互联网规律又具有中国特色的互联网治理模式。"②

1. 坚持依法治网

"治网之道,法治为本。完善网络法治体系是建设网络综合治理体系的关键环节和根本之道。"③近年来,为实现网络空间治理的法治化,全国人大等立法部门进行了大规模的针对网络治理的立法工作,实现了网络治理的有法有规可依。特别是自 2019 年以来,中国互联网法治体系建设快速推进,《民法典》的颁布对网络侵权责任进行了明确的规定;《未成年人保护法》的修改为我国青少年的网络生活保驾护航;《网络信息内容生态治理规定》等规范性文件为网络内容建设奠定了较为完善的法规基础。

2. 严格行政监管

中国依法加强互联网基础管理和行业管理,整治规范网络信息传播秩序,严厉打击网络违法犯罪行为,组织开展了成效显著的多项联合整治行动。以加强网络信息内容生态治理为例,自《网络信息内容生态治理规定》实施以来,各大社交平台开展"蔚蓝计划"等多项专项治理行动,打击各种违法行为。

3. 坚持行业自律,构建自律联盟

互联网企业认真履行主体责任。积极响应政府互联网治理的各项举措,主动承担社会责任,以实际行动参与互联网治理,营造公平竞争、诚信经营的

① 雷志春. 马克思主义群众观视域下中国网络空间治理模式研究[D]. 2018.
② 鲁春丛. 中国互联网治理的成就与前景展望[N]. 人民论坛,2016-02-01.
③ 中国网络空间研究院编著. 中国互联网发展报告(2020)[M]. 北京:中国工信出版集团,2020:134.

良好环境。2019 年 7 月,由中国移动广东分公司与南方报业传媒集团联合倡议并发起,腾讯、华为等 16 家企业共同参与的全国首个 APP 自律联盟正式成立,向违法违规收集个人信息的行为亮剑;2019 年 12 月,在国家网信办等八部门指导下,中国网络社会组织联合会牵头组织 34 家互联网企业成立行业自律性组织——平台经济领域信用建设合作机制,加强互联网自律建设。

4. 技术自律机制

2013 年 11 月,工信部发布了《关于加强移动智能终端进网管理的通知》,对移动智能终端进网管理做出了具体要求,要求手机厂商预装软件必须通过工业和信息化部审核,明令禁止五类应用软件。从 2014 年 4 月开始,工信部、公安部和工商总局在全国范围内联合开展打击移动互联网恶意程序的专项行动,印发了《打击治理移动互联网恶意程序专项行动工作方案》,方案从预装应用程序管理、应用商店责任、应用程序开发者第三方签名认证、恶意程序检测处置等方面提出了具体的工作措施。未来,工信部还将研究制定移动互联网应用安全管理办法,探索建立移动应用程序第三方安全检测机制。

5. 公众监督

中国各类网络监督平台逐步建立健全,社会监督渠道更加通畅。"2019年 12 月,国家互联网信息办公室违法和不良信息举报中心组织人民网、新华网等 16 家网站、平台签署了《共同抵制网络谣言承诺书》,向社会做出承诺,主动发现谣言、坚决遏制谣言、有效治理谣言、联动辟除谣言,自觉接受互联网管理部门和社会各界的监督,共同营造风清气正的网络生态。"① 2020 年 4 月,国家互联网信息办公室违法和不良信息举报中心新版网络举报平台上线,公开受理公众对违法、有害信息的举报。"2020 年 4 月,全国各级网络举报部门受理举报 1 458.1 万件,环比下降 1.6%、同比增长 20.9%。其中,中央网信办(国家互联网信息办公室)违法和不良信息举报中心受理举报 26.1 万件,环比下降 1.5%、同比增长 32.2%;各地网信办举报部门受理举报 139.0 万件,环比增长 1.7%、同比下降 39.7%;全国主要网站受理举报 1 293.0 万件,环比下降 1.9%、同比增长 34.7%。在各级网信部门指导下,目前全国各主要网站不断畅通举报渠道,受理处置网民举报。欢迎广大网民积极参与网络综合治理,共同维护清朗网络空间。"②

---

① https://m.thepaper.cn/baijiahao_5142063.
② https://baijiahao.baidu.com/s? id=1665543064165036230&wfr=spider&for=pc.

4.4.3　我国网络治理法治化存在的不足

1. 网络空间立法的不足

我国目前互联网的规制模式属于政府主导型，主要通过国家立法和行政部门规章来实现法律层面的规制。但目前我国网络空间立法存在以下几个问题：一是法律法规效力和位阶相对较低，存在着网络立法层次低、主体多，缺乏权威性、系统性和协调性。二是法律法规的可操作性偏弱。三是法律法规的兼容性需要加强。没有形成一个以根本性法律为主体，其他专业性法律法规、行政规章和地方性法规为补充的立法体系。目前，在我国的许多法律法规中，比较突出的问题是网络立法的兼容性较差，一些行政法规与上位法冲突，一些法律条款需要加强与国际惯例的接轨等。

2. 对网络空间风险的预防与应对能力不足

互联网的虚拟性、互动性、开放性、无国界性等特点，彻底改变了人们的互动模式和组织模式。现实社会事件经过网络舆论发酵后，往往会产生巨大的社会风险，"郭美美事件""华南虎事件"所引发的效应几乎无法控制。随着网络时代的到来，中国已经迈入了网络空间的风险时代，可以说，我们没有准备好应对网络空间的风险，显示出明显的应对能力不足的现象。

3. 网络上没有形成价值观的共识

网络社会中主体的多元化也带来了价值追求的多元化，不同主体之间信任度低、心理冲突严重，从而很难形成价值观念的共识。网络主体价值观形形色色，有主流，也有逆流，这客观上导致了在互联网治理理念、方法上存在不同的观点。在目前缺乏共识的格局下，要形成被绝大多数网民认可的治理规则，存在着巨大的障碍。

4. 网络空间治理的体制、机制尚需完善

在党的十八届三中全会上，我国提出了国家治理现代化的目标，网络空间治理的现代化是整个国家治理现代化的重要组成部分。但我国目前网络治理体制机制不健全的弊端凸显出来，具体表现为缺乏相关的理论基础，缺乏地域之间、部门之间对互联网内容风险的预警、应对的协同体系等。如何根据中国现有的国情及时进行体制机制的改革是摆在我们面前的一个重要任务。①

---

① 惠志斌，唐涛. 中国网络空间安全发展报告（2015）[M]. 北京：社会科学文献出版社，2015：140.

4.4.4　中国互联网治理现代化的展望

从 20 世纪 70 年代末至 80 年代初中国法学家所开展的关于"法治"与"人治"的讨论到党的十一届三中全会公报提出"有法可依、有法必依、执法必严、违法必究";从 1991 年中国政府发表第一个人权报告到党的十五大明确提出"依法治国,建设社会主义法治国家",再到九届人大二次会议把这一治国方略载入宪法;从 2001 年社会主义法治理念的提出到 2011 年 3 月 28 日胡锦涛总书记在中共中央政治局第二十七次集体学习时强调把法治的精神归纳为"科学立法,严格执法,公正司法,全民守法"。经过 30 多年的努力,到 2011 年,全国人大终于向世界宣布"中国已经建立起具有中国特色的社会主义法律体系"。党的十八大的召开,对于中国的法治建设而言更具有里程碑的意义,《中共中央关于全面推进依法治国的决定》是中国坚定不移地走法治道路的宣言书。作为一个具有虚拟特征的事物,互联网被一些人认为是"法外之地",互联网新技术、新应用的迅速发展,又造成了许多法律空白。十八届四中全会为推进网络空间法治化提供了最好的动力,推进网络法治化建设是全面贯彻党中央四中全会的主题之一,从而使网络空间法治化建设成为整个国家法治建设的重要组成部分。

网络空间法治建设比起传统社会的法治建设更为艰辛,更加充满困难。实际上,即使像美国这样成熟的法治国家所面临的法律难题也是各国政府共同的难题,[①]其背后凸显的是网络空间的法治困境。不可否认,发轫于 20 世纪后期的互联网正以其全球性、开放性、便捷性和隐蔽性在给人们提供前所未有的言论表达和信息交流自由的同时,也可能成为恐怖分子和江湖骗子的工具,或是弥天大谎和恶意中伤的大本营。网络空间当然需要规范,不规范就不足以去其弊、扬其利。然而,如何把网络空间的规范纳入法治的轨道,在管制和自由之间寻求平衡就成为各国政府、立法者和法学家面临的最大挑战。因为网络空间既不能承受管制之重,也不能承受自由之重,否则,网络专制主义和

[①]　2010 年 10 月,阿桑奇公开 40 万份伊拉克战争文件时,美国政府就组织有关专家论证采取法律行动的可行性。然而专家的论证并不乐观。对阿桑奇进行司法指控最可能适用的法律有两部:一部是《反间谍法》,另一部是《盗窃政府财产法》。对于前者,迄今为止,还没有一个新闻媒体被成功指控的司法案例,而"维基揭秘"网站是否属于新媒体在法律上并无明确界定;对于后者,盗窃物一般是指有形物品,如果扩大解释为包括无形的电子信息,将会带来很大的争议。而最困难的是,美国政府很难证明阿桑典警方发出通缉令,随后,阿桑奇向英国警方自首,不久又获保释……面对如此纷繁复杂的法律诉讼,人们不仅感到了其背后推手的强大,更感到法律的荒诞。

网络无政府主义会如影随形。^①

"在本质上,网络公共空间治理的法治化是将一个'法外之地'纳入法治的轨道中,需要扩张甚至重构我们的法治模式,在保证言论自由和民主的前提下对网络公共空间进行某种边界制约,实现秩序价值,从而造就虚拟又真实的网络法治社会。通过阐释网络公共空间治理的法治机制及其原理,能够厘清目前网络公共空间的治理体系。在此基础上,有针对性地提出一些方案,以应对和解决网络带来的治理危机以及政治困境,并舒缓其中的道德和法律困境。法治社会的巨大包容力能够适应现代国家——社会——公民关系的转变。它要求建立体现公共利益、满足不同主体需求的社会秩序结构,同时保障民主和公民的自由。并无意于描绘网络公共空间治理法治化的全部内容,而是意在提出一个大致框架,阐释部分核心问题,包括治理的对象、目标、工具、模式和国家行为边界。事实上,网络公共空间的治理,不仅有治理方式和效果的问题,还有更为细致的合法性控制问题。法治化要容纳治理要求的多元、沟通、民主和秩序,这就要涉及改造法治的模式甚至秩序,本文提出的目标和途径,只是提供了简单思路,并试图舒缓其中的法律和道德冲突,更复杂的问题还有待于深入挖掘。"^②

尽管网络空间与传统社会相比存在着巨大的差异,但网络空间法治的内涵依然应立基于普适性的法治概念的内涵。尽管法治的概念充满歧义,解释繁多,但结合法治的基本理论,大致可以将法治的含义归纳为:"1. 法治的价值目标是多元的:自由、人权、正义、秩序等,但其最高价值目标只能是自由与人权,确保人的尊严。2. 为了实现其价值目标,尤其是保障自由与人权,法治必须约束、限制国家权力。这种约束、限制表现在有限政府、权力分立与制衡和越权无效等原则或制度之中。"^③前述法治的内涵为一般的法治国家社会成员所接受。因此,网络空间法治化建设也应以前述法治的基本内涵为目标。本课题的研究正是在严守法治内涵边界的同时,探寻我国网络空间法治化的困境、化解路径等理论与实践问题,并得出以下结论:

1. 在法治模式上:构建符合中国国情的网络空间法治化的模式

"要创新网络管理模式与方法,建立多中心治理的网络社会公共秩序维护格局。维护网络社会公共秩序需要政府、市场和网民同心协力。第一,发挥政

---

① 李杰.“维基揭秘”:网络空间的法治困境[J]. 保密工作,2011(1).
② 秦前红,李少文. 网络公共空间治理的法治原理[J]. 现代法学,2014(6).
③ 卓泽渊主编. 法理学[M]. 北京:法律出版社,2004:293.

府在维护网络公共秩序中的主导作用。第二,加强互联网从业者的自律和行业自治。互联网从业者包括互联网基础运营商、网络信息服务提供商以及网络媒体等单位。第三,充分发挥网民在维护网络社会公共秩序中的主体作用。在网络社会中,网民是最大的受益者,也是最大的受害者。网民作为网络社会的主体,对网络社会的责任感和对参与网络管理的关注度在很大程度上决定了网络社会公共秩序治理的成败。国家每次对新法律法规的制定和对法律的修订都通过网络征求人民意见,数十万群众热心参与,诚恳提出修改建议,有力地促进了法律法规的完善,网络已经成为公民参政议政的重要途径。"①

2. 在法治的价值目标上:秩序价值优先兼顾公民自由价值的实现

中国的整体法治建设虽然取得了积极的成就,但就法治的终极目标而言,我国的法治建设仍有很长的道路要走。就网络空间法治状况而言,网络犯罪、网络侵权充斥着网络空间,一些在现实社会中得以规制的违法犯罪行为,在网络上却改头换面、大肆横行。现实社会中的人受制于法律不会去肆意传播不实、虚假、低俗信息,也不敢随意中伤诽谤他人,更不会明目张胆地传播淫秽色情内容;但在网上,"秦火火""立二拆四"等一些人为了点击率、提升人气肆意传播网络谣言等不实信息,"友加"软件等公然进行色情炒作,分享淫秽的文章和图片。虽然它们已被有关部门依法查处,但这种现象反映出我国现有网络法律法规的不相适应性。随着互联网技术应用的成熟,越来越多的网络企业将商家利益瞄向法律禁区。尤其是在云计算、大数据时代,"数据失控"危机变得更为突出:虚拟社会中的每一个数据经过数据采集、存储、分析阶段,最后在应用阶段必然会对接到现实社会中的每个人。不法分子肆意挖掘个人秘密以及家庭、健康等隐私信息,骚扰电话不断、垃圾短信泛滥、"艳照门"事件层出,个人数据权如何保护,如何实现数据管理与开放……对这些内容我国在法律方面尚未能有效规范。国家的网络安全时刻受到威胁与挑战,维护网络的基础秩序价值成为目前网络空间法治化建设的首要任务。②

2000 年 9 月 20 日,国务院第 31 次常务会议通过的《互联网信息服务管理办法》、2000 年 12 月 28 日第九届全国人民代表大会常务委员会第十九次会议通过的《全国人民代表大会常务委员会关于维护互联网安全的决定》、2005 年 9 月 25 日颁布的《互联网新闻信息服务管理规定》、2012 年 11 月 26 日最高人民法院审判委员会第 1561 次会议通过的《最高人民法院关于审理侵害信息网

---

① 顾爱华,陈晨. 网络社会公共秩序管理存在的问题及对策[J]. 中国行政管理,2013(5).
② 姚恒富. 维护网络空间秩序的最好"刹车"是要拿出具体措施(2014 - 10 - 28 00:45:24).

络传播权民事纠纷案件适用法律若干问题的规定》、2013 年 9 月 9 日最高人民法院发布的《最高人民法院、最高人民检察院关于办理利用信息网络实施诽谤等刑事案件适用法律若干问题的解释》、2014 年 10 月 9 日最高人民法院发布的《最高人民法院关于审理利用信息网络侵害人身权益民事纠纷案件适用法律若干问题的规定》等法律法规的密集出台，成为推进网络空间法治化，维护网络空间秩序的最好"刹车"。①

"欧洲人被问及'接受命令时是无条件服从还是首先弄清楚它们是否正确'时，择前者的大有人在，为 32%，而选择后者的也不甘示弱，为 41%。其余为不愿回答等。显然前者偏重于秩序，后者偏重于自由。在对维护言论自由、允许一切人对政府的重大决策更多地表达自己的意见或维护国家秩序两个方面进行选择时，也出现了这种情况，有的人偏重于自由，有的人偏重于秩序。②因此，自由的价值与秩序的价值往往是冲突的，强调自由价值优先的学者认为，法律及其确保的秩序在立法上就必须对自由退让，它只能是自由的确认者、分配者、保护者而不是自由的否认者、妨碍者。自由绝对地高于法律及秩序，法律及秩序绝对地服从自由。而强调秩序价值优先的学者认为，法律是秩序的化身，法律和秩序的存在本身就是对自由的束缚与规制，因而自由必须以秩序为依归，以法律为准绳。"③

网络空间既要提倡自由，也要遵守秩序。自由是秩序的目的，秩序是自由的保障。由于目前我国网络空间秩序现状不容乐观，维护网络秩序成为目前法治建设的首要任务，因此，本课题的研究结论之一是坚持秩序价值优先的原则，当然，秩序价值优先并不意味着置公民的自由价值于不顾，自由价值永远是法治的终极价值，也是实施法治的目标。在目前的国情下，应坚持秩序价值优先，同时兼顾自由价值的实现。

3. 网络空间法治建设的重点：培养网民的守法精神

"尽管后人大都把苏格拉底之死解读为通过其自愿的赴死来唤醒沉睡的雅典人，把苏格拉底视为牛虻、反对多数民主决定制的斗士。但我们从法理的视角很容易看出，他以死亡为代价维护了国家法律的安定性，守护了法治最为重要的原则，尽管此事件发生在 2500 年前的古希腊社会，但今日依然具有其

---

① 王勉. 法治化 维护网络空间秩序的最好"刹车"，http://www.sc.xinhuanet.com 2014 年 10 月 27 日 09：10.

② ［法］斯托策尔. 当代欧洲人的价值观念［M］. 陆象淦译，北京：社会科学文献出版社，1988：32.

③ 卓泽渊主编. 法理学［M］. 北京：法律出版社，2004：198.

法治的现代性意义。因为,无论是在非常态法治时期还是在常态法治社会,法的安定性为一个有序社会的基础,遵守法律,维护法的安定性也自然成为每一个公民的第一要务,苏格拉底为我们做出了榜样。"①几千年来,中国封建社会对人民影响最大的是培养了每个社会成员的道德伦理的思维,统治我们这个庞大帝国,专靠严刑峻法是不可能的。其秘诀在于运用道德伦理的力量,使卑下者服从尊上,女人听男人的吩咐,未受教育的愚民则以读书识字的人为楷模。但是今天的现代社会与传统社会相比已经发生了彻底的转型,虽然道德思维应该提倡,但是道德绝不能代替现代的法治,法治是现代社会文明的主要标志。在法治的组成要素中,固然立法是基础,但全社会法治意识的培养、法治思维能力的提高,以及信仰法律形成全社会守法的习惯是目前法治建设的重点,也是网络空间法治建设的重点,全体公民守法的习惯养成了,法治社会的建设当然就成功了。

全面推进依法治国,从法治社会着眼就是必须坚持全民守法。网络法治化的建设离不开全民网络法律意识的养成、社会主义法治信仰的确立,网络法治建设依靠全体公民的一致努力。2017 年以来,国家网信办、司法部、全国普法办公室等部门深入推进全国网信系统的普法工作,大力宣传普及网络安全和信息化相关法律法规知识,增强依法上网、用网的观念,做依法上网的践行者和推动者。坚持法治教育与道德教育相结合,大力弘扬社会主义核心价值观,推动依法上网、文明上网。

4. 网络空间法治化的基础:解决技术领先与法规滞后的矛盾

"网络空间仰赖于技术支撑,网络空间安全更离不开技术保障。法规的滞后性是法的'天性',新的利益关系产生法律保护需求,法律也在很大程度上维系这种利益关系的稳定。跨境数据流动源于数据处理、存储等的需求,这种需求必然导致法律对不同国度法域的遵从;远程技术支持、大数据挖掘等都会提出国家安全的法益要求。如跨境数据传输的国家安全管控,数据存储服务器是否应当设立在本国境内以及政府、公共云等信息服务是否应当具有特殊的安全要求。"②

大力推进互联网基础设施建设。党的十八大以来,在习近平总书记关于网络强国的重要思想引领下,在国家的大力推动下,我国的互联网基础设施建设发展迅猛。"中国 5G 网络建设一日千里,建设规模位居全球第一。窄带物

①　孙曙生. 法律殉道者之法律接受与抗拒的现代性反思[J]. 北京行政学院学报,2010(5).
②　马民虎. 国家网络空间"法治路线图"需处理好的五大矛盾[J]. 网络空间战略论坛,2014 年 10 月.

联网不断拓展，产业数字化、治理智能化、生活智慧化欣欣向荣。卫星互联网产业稳步前行，多个近地轨道卫星星座计划相继启动。信息技术变革日新月异，新一代人工智能技术、区块链技术、云计算产业、数据中心产业蓬勃发展。"[1]

2020年4月20日，国家发改委明确将"新基建"的范围界定为三个方面："一是信息基础设施。主要是指基于新一代信息技术演化生成的基础设施，比如，以5G、物联网、工业互联网、卫星互联网为代表的通信网络基础设施，以人工智能、云计算、区块链等为代表的新技术基础设施，以数据中心、智能计算中心为代表的算力基础设施等。二是融合基础设施。主要是指深度应用互联网、大数据、人工智能等技术，支撑传统基础设施转型升级，进而形成的融合基础设施，比如，智能交通基础设施、智慧能源基础设施等。三是创新基础设施。主要是指支撑科学研究、技术开发、产品研制的具有公益属性的基础设施，比如，重大科技基础设施、科教基础设施、产业技术创新基础设施等。"[2]

5. 网络空间法治化的关键点：深化行政执法体制改革

《中共中央关于全面推进依法治国若干重大问题的决定》指出，推进综合执法，有条件的领域可以推进跨部门的综合执法。但综合执法与责任追究之间存在着一定的矛盾。"面对网络空间安全的综合复杂性，特别是国家关键基础设施面临日益严重的传统安全与非传统安全的各种'极端'威胁，网络空间的安全风险'不可逆'的特征进一步凸显，因此传统上将风险预防寄托于责任的法治理念遇到了挑战，亟须在'监测预警到灾难控制恢复和责任追究'中，树立综合风控的法治理念，实施综合执法。但是综合执法理念与传统惩治理念之间的冲突，一方面来源于网络空间活动的'跨界'发展，传统领域与网络空间的融合，使得需要对传统法治进行彻底的检查评估，其范围之广必然导致传统法制理念与综合法制理念上的极大反差与对立。另一方面也来源于这种综合性法治理念的'制度实践'缺乏学术理论上的'智库'研判，特别是网络安全法律专业人才的支持。"[3]

加快构建完善的互联网治理体系。一是"加强互联网治理政策顶层设计和系统谋划，健全互联网治理公共政策。全面梳理各级政府在互联网治理方面的法律法规与政策制度，统筹建立互联网治理的国家架构与职能分工，形成

---

① 中国网络空间研究院编著. 中国互联网发展报告（2020）[M]. 北京：中国工信出版集团，2020：29.

② https://www.sohu.com/a/389980667_120064303.

③ 马民虎. 国家网络空间"法治路线图"需处理好的五大矛盾[J]. 网络空间战略论坛，2014年10月.

覆盖面广、安全可控、实施有效的基本治理体系。支持地方根据区域发展特点,建立特色鲜明、功能完善的互联网治理政策。"①二是发挥法治政府的主体作用。2020 年 11 月,习近平总书记在全国依法治国的工作会议上强调:全面依法治国是一个系统工程,必须统筹兼顾、把握重点、整体谋划,更加注重系统性、整体性、协同性。法治政府建设是重点任务和主体工程,要率先突破,用法治给行政权力定规矩、划界限,规范行政决策程序,加快转变政府职能。在当今现代性的社会背景下,政府是依法治国的主体力量,在网络法治化的建设方面,政府部门发挥着同样的重要作用。因此,要"增强政府的透明度和开放度,明确网络空间和其中利益主体的权利义务与责任,设计科学、合理的平台责任制度,发挥各类平台的专业和技术优势"②。

6. 积极推动互联网治理国际规则的制定,构建网络空间命运共同体

习近平总书记指出:"互联网是我们这个时代最具发展活力的领域。互联网快速发展,给人类生产生活带来深刻变化,也给人类社会带来一系列新机遇新挑战。互联网发展是无国界、无边界的,要利用好、发展好、治理好互联网必须深化网络空间国际合作,携手构建网络空间命运共同体。"③

为实现"携手构建网络空间命运共同体"的历史目标,我们应"以互联网治理中国方案的'四项原则'为基准,推动多边磋商,共同制定互联网治理国际规则,建立多边、民主、透明的全球互联网治理体系。推动现行互联网资源管理机构的国际化改革,加快形成新的互联网资源国际管理框架,促进向以多边国际组织为主导的功能性治理框架的过渡和移接;重点推动在联合国框架下制定个人隐私保护、儿童在线保护、打击网络犯罪、打击恐怖主义、数据跨境流动等方面的国际公约,实现有序的国际治理、有效的知识产权保护、有力的网络犯罪惩治和广泛的国际标准制定,建立符合各国共同利益的网络空间国际法律新秩序"④。

4.5 本章小结

我国已经迈进了网络空间的时代,在这个万花筒般的世界里,我们已经适

---

① 鲁春丛. 中国互联网治理的成就与前景展望[N]. 人民论坛,2016 - 02 - 01.
② 鲁春丛. 中国互联网治理的成就与前景展望[N]. 人民论坛,2016 - 02 - 01.
③ http://www.xinhuanet.com/world/2016WIC/2016WICopening/index.htm.
④ 鲁春丛. 中国互联网治理的成就与前景展望[N]. 人民论坛,2016 - 02 - 01.

应这个世界，它向我们提出了各种挑战，我们也做好了积极的准备。如何实现网络空间的有效治理，是中国法治现代化的重要组成部分，决定着法治中国是否能够实现。我们看到了自身问题的所在，也看到了自身将面对的风险。我们只有从自己的国情出发，努力汲取世界法治国家先进的网络治理经验，才能在网络空间的现代性中不迷茫。

5　网络空间法治秩序的基础:网络立法

伴随着法治社会的不断进步与发展以及新生事物的不断涌现,随之而来的将是法律对其的指引与约束,网络空间的出现正是对当今世界各国现有的法律制度提出了新的挑战。我国作为世界上网民数量最多的国家,在当前中国特色社会主义法律体系已经形成的前提下,对我国网络空间立法问题进行研究,分析我国现有网络空间立法的问题,并逐步健全与完善我国网络空间立法,对于提升国家的治理能力及实现国家治理的现代化具有重要的现实意义。

5.1　我国现有网络立法的架构

5.1.1　"网络空间立法"概念的提出

法律作为调整特定社会关系和社会行为的规范,随着信息化社会的来临,尤其是计算机技术与网络空间技术的结合,在原有法律制度的基础上面对新的网络空间问题,逐渐产生了一种新的社会关系——网络空间关系。为了更好地约束和指引这种新型关系的发展,须产生一套与之相适应、相配套使用的法律制度,即网络法律,而制定这一系列网络法律的过程便是网络空间立法。实际上,从网络空间的概念诞生之日起,我国立法部门便开始了对这一新生事物的探索过程。随着 20 世纪 90 年代国家互联网的广泛应用以及电子商务的迅速发展,关于网络空间法(或称网络法)的概念也逐渐形成。

关于网络空间法律的理解,由于它是一个新的法律概念,再加上网络技术的不断发展,并且法律控制的对象即有关的网络信息问题也在不断地发生着变化,所以目前尚无统一的、精确的解释。为此,学界依据其所调整社会关系范围的不同,将网络法律主要分为狭义层面的网络法律与广义层面的网络法律。对于网络法律的狭义说,我国有些学者将其称之为"计算机网络法",即网络法律不是一个独立的法律部门。法律部门是根据一定的标准和原则,按照法律规范自身的不同性质,调整社会关系的不同领域和不同方法等所划分的同类法律规范的总和。可见界定法律部门的重要因素即调整社会关系的手段,为此我国网络立法并不像也不可能像民法那样具有独立调整的社会关系或者像刑法那样具有独特的调整手段,也不可能是一部像专利法、商标法与著作权法那样独立的基本法或者单行法,没有任何国家制定或者准备制定这样的单行法①。持网络法律狭义论的代表人物是我国知识产权学界"南吴北郑"之一的著名法学家、中科院教授郑成思老先生。郑老先生从应对网络涉及的法律问题的角度切入,认为网络法律主要指的是"解决因互联网而带来的新问题"的有关法律的总称,一般涵括了对网上信息的法律控制、网上消费者权益的保护、网络侵权责任以及商法与知识产权法的修订完善。

对网络法律的另一种观点是网络法律广义说,该种学说认为,网络法律是调整与网络有关的社会关系的法律规范的总和。而与网络有关的社会关系的范围是十分广泛的,包括民事关系、行政关系和刑事关系等各种社会关系,所以网络法律的调整对象也就具有十分广泛的特点,包括与网络相关的各种民事、行政和刑事等领域的具有法律意义的关系。有法谚曾言"任何法都是因特网法",这更形象地说明了任何法都可以渗透到网络法中。为此,持网络法律广义论观点的代表人物、上海政法学院蒋坡教授认为,网络法律是以"网络"为基底并将其作为规范领域范围内的调整对象,认为网络法律所调整的对象包括在虚拟空间中网络环境平台上的活动和行为所发生的各种法律关系。其具体表现为:① 关于网络法律关系的确认;② 关于网络及其系统本身的建设、维护、运行、管理等活动和行为的规范;③ 关于发生在网络环境中各个平台上的各种活动和行为的规范,例如,电子商务、电子政务、网络安全、网络知识产权、网络个人隐私保护、网络犯罪的预防和惩治,等等;④ 关于与网络及其系统有关的其他各种法律关系的调整。②

关于网络空间法律概念的界定,笔者认为,网络空间法律的实质是现有法律在网络空间的具体的新的集合,但这种法律属性具体集合的最终目的并不是一定要将其归属于某一部门法或者直接独立出来成为一部广义上的部门

---

① 颜祥林,朱庆华. 网络信息政策法规导论[M]. 南京:南京大学出版社,2005:26.
② 蒋坡. 论网络法的体系框架[J]. 政治与法律,2003(3).

法,而是指其所要呈现的对象是基于解决现有网络法律问题,与网络特性相关联,与网络空间有关的,依以往法律所不能很好解决的有关法律现象。基于我国网络空间法律是在现有法律基本制度的基础上建立起来的,在对网络空间法律的概念进行界定时,为避免同我国现有的中国特色社会主义法律体系中的相关部门法形成冲突,我们应采取从严、客观界定的态度,从网络法律狭义论的角度对网络法进行界定。即网络空间法律是指基于解决网络法律难题,从网络空间发展带来的新问题出发并展开研究,同时关注网络空间法律如何扎根于中国现有国情、社情、网情的实际,是调整基于在网络空间范围内使用信息而产生的各种权利义务关系的社会法律规范的总称。其调整对象具体指向的是基于在网络空间范围内活动而产生的各种社会关系。

5.1.2　我国网络空间的立法方式

国家创制法律规范的方式主要有两种,即制定与认可。前者主要是指国家以制定规范性法律文件的方式创制法律规范,后者主要是指国家将现存的某些行为规范认可为法律,赋之以法律效力。在实行判例法的国家里,判例法也是国家以特定的方式制定的,通常称之为“法官的立法”。在我国,有时也以国家认可的方式创制法律,这主要是指国家根据需要而确认人们遵守某些在社会活动中自然形成的规范为法定的义务,违反这些规范的行为人们应该承担相应的法律责任。不过,大量法律规范还是以规范性法律文件(即制定法)的形式表现出来,由国家以立法的方式予以创制。国家创制规范性法律文件的活动是由一国特定的国家机关去具体制定完成的。在我国,根据现行《宪法》第 58 条的规定,全国人民代表大会和全国人民代表常务委员会行使国家立法权,而其他有关国家机关可分别行使制定法规、规章等规范性法律文件的权力。因此,在我国的立法活动中,一般对“立法”进行两种解释,我的的网络立法也是如此。狭义上,网络立法仅指由全国人大及其常委会制定的有关网络空间的法律规范;而广义上的网络空间立法除了全国人大及其常委会制定网络空间法律的活动之外,还包括国务院制定与网络空间相关的行政法规的活动、国务院有关部委制定行政规章的活动、地方人大及其常委会制定地方性网络法规的活动、民族自治地方的自治机关制定与网络相关的自治法规和单行条例的活动等。此外,广义范围内的网络空间立法还包括对有关规范性法律文件所进行的修改、补充与废止的活动。

5.1.3 我国网络空间立法体系的基本结构

在立法的过程中，一般均会涉及立法的体系。立法体系是指国家制定并以国家强制力保证实施的规范性文件的系统。如宪法、法律、行政法规、地方性法规等构成的系统。关于网络立法体系的基本结构，依据不同的划分标准，最终呈现出的结果也形式多样，其具体所要解决的是网络空间法应对哪些网络空间范围内的事项进行具体规范。有的学者依据国家、网络提供商、最终用户三者之间的关系与司法实践，认为网络法律大致可以分成以下四大类型："(1) 网络管理法。它是调整国家与网络提供商，国家与最终用户的管理与被管理的权利与义务关系。在该法中，国家对于网络提供商、最终用户的管理主要是行政上的管理，也包括对某些刑事案件的管辖（如滥用信息资源，等等）。(2) 网络私法。该法设立的目的在于调整国家、网络提供商、最终用户之间处于平等地位的法律关系。其范围主要包括网络侵权法与网络合同法，其中前者主要调整的范围包括网络版权的保护，网络不正当竞争的阻止，网络通信自由与人身权的保护（如名誉权、隐私权等）等；后者主要调整的范围包括网络电子交易、避免网络诈骗的保护、网络协议法律地位、远程医疗、远程教育，等等。(3) 网络安全法。这里所指的安全应该是狭义的安全，即只是指网络中联网计算机的数据安全与传输中数据的安全。(4) 网络诉讼法与仲裁条例。"[①]

尽管针对网络空间立法的基本结构与基本范围在当今学界有着不同的学说，但依照网络空间法治合法性原则还是应当以网络空间现有基本法的立法为基础，并进而引入重要案例指导的模式，开放式地划定网络空间立法的基本范围。2000 年 1 月 1 日，国家保密局发布了《计算机信息系统国际联网保密管理规定》，并在第一章的第一条中规定："计算机信息系统国际联网，是指中华人民共和国境内的计算机系统为实现信息的国际交流同外国的计算机信息网络相连接。"依照该条总纲性质的条文规定以及我国现有法律对网络空间的相关规定，我国网络空间立法的范围大体上包括以下四个部分：① 以政府为主导的对计算机进行的软件保护与保密工作、电子商务类管理、互联网文化管理等；② 对公共网络营业场所的治理；③ 规范网站建设的法律文件；④ 对网民权益进行保护的规范性法律文件。

在此基础上具体展开来又可以分为以下五个部分：

---

① 颜祥林. 网络信息问题的法律控制[D]. 2001.

（1）网络空间基础法，即该法是中国网络空间法的"宪法"。由于网络仍然处于不断发展的上升时期，其内涵的扩展与对社会关系的构建也还处于不断完善的过程。因此，该基础法的主要内容只是阐释网络空间领域内的基本概念、理念、价值，以及网络立法不足情况下的法律诠释问题，把握着中国网络空间法的发展方向与圭臬。

（2）网络空间主体法。这部分的主体主要是从广义范围上来界定，即其包括网络用户权益保护法、网站提供者权利义务法、电子政务与电子商务主体法等的基本规定，此外还涵盖了网络商的设立与终止、网络服务法以及网络基础资源设施建设法，等等。

（3）网络空间保护法。这里的保护法不仅是指对网民上网安全以及免遭人身侵权的保护，而且包括对网络商权益的保护。

（4）网络空间监管法。这包括上网用户网络安全法、网络空间治理法，等等。

（5）网络空间促进法。这包括网络空间范围内的互联网整体产业的发展法、网络空间主体电子商务法以及行业自治规范法，等等。①

5.1.4　我国网络空间立法体系的具体内容

伴随着网络科学技术的不断发展与网民数量的不断增加，随之而来的将是日益严重的网络安全问题，如网络犯罪手段的新型化、网络舆情的不断泛滥、网络侵犯公民隐私权和名誉权的现象日益严重，以及公民个人信息的不断泄露等。为此，网络立法势在必行，而就我国当前现有的规范性法律文件来看，截止到 2015 年上半年，我国已出台与网络空间相关的法律共 37 件、国务院行政法规 44 件、司法解释 35 件、部委规章 148 件、有关专门性地方法规 23 件。② 其中具体覆盖了电子商务、著作权与知识产权保护、未成年人与消费者权益保护、个人隐私权和名誉权的保护、个人信息保护以及网络犯罪等领域。自 1994 年以来，伴随着网络信息技术的发展，我国网络立法的内容也在相应地不断完善和发展。

1. 从网络立法的纵向发展来看，这种发展大致经历了四个阶段

（1）萌芽阶段：1994 年至 2000 年前。20 世纪 90 年代初，计算机网络开始

---

① 佟力强. 国内外互联网立法研究[M]. 北京：中国社会科学出版社，2014：86 - 87.

② 数据来源：全国人大网站中国法律法规信息系统。

在我国发展起来，随之接触的人们也逐渐增多，但鉴于大多数人对这一新技术仍然只是初步接触，人们对计算机网络的认识与运用还是非常有限的。这时的网络治理还未完全进入人们的视野，而政府此时只是对网络基础设施进行简单的网络安全建设。如 1991 年 1 月 11 日，劳动部针对计算机网络安全的病毒问题就颁布了最早的部门规章——《全国劳动管理信息计算机系统病毒防治规定》；1994 年 2 月 18 日，国务院发布了《中华人民共和国计算机信息系统安全保护条例》，该条例规定的重点是以监管职责、网络安全保护以及法律责任等内容为主。相关的网络立法仍然规定较少且内容较为垄断，只是处于立法的起步阶段，很少直接对网络虚拟世界进行干涉。但以 1997 年 12 月发布的《计算机信息网络国际联网安全保护管理办法》为例，也有极少部分规定对网络管理的内容做出了具体而可操作性强的法律规制。又如，为了进一步加强对国际联网的管理，1998 年 2 月，国家保密局发布了《计算机信息系统保密管理暂行规定》。

（2）发展阶段：2000 年至 2005 年。在这一阶段，随着网络技术的高速发展与软件应用技术的推进，我国网上用户以爆发式的趋势增加，网络科技开始逐渐深入人们的生活中。但同时，由计算机网络给人们日常生活带来的问题也开始逐渐出现，为此，这一时期针对这些网络现实问题，国家相继出台了一些法律法规和规章。一方面为了弥补第一阶段所遗留下来的立法空白；另一方面则主要是治理网络服务商责任问题以及加强对网络信息源的严格管控，同时立法主体部门也扩展到了国家工商总局、中国证券监督委员会等部门。例如，在 2000 年就由全国人大常委会和国务院先后颁布出台了《全国人大常委会关于维护互联网安全的决定》与《互联网信息服务管理办法》；2002 年 6 月，为了加强对网络出版活动的管理，保障网络出版机构合法权益，促进我国网络出版事业健康有序地发展，中国新闻出版总署、中国信息产业部根据《出版管理条例》和《互联网信息服务管理办法》，联合颁布了《互联网出版管理暂行规定》。

（3）成熟阶段：2005 年至 2013 年。这一时期随着网络新型技术的发展以及对拉动经济所起到的积极作用，国家开始加强对互联网机构的建设工作，逐步形成了以工业化和信息化部为网络行业的主管部门，并辅之以文化部、教育部、公安部、原卫生部（现卫健委）以及广电总局等部门作为负责互联网专项内容的部门。与此同时，2008 年 7 月，CNNIC 发布的数据显示，我国网民数量、宽带网民数量、国家域名数量均跃居世界第一，互联网网络开始真正全面深入人们的生活、学习、工作等各个领域。但伴随而来的是网络安全问题也日益严重,成为全球互联网治理的核心问题之一。为此,我国在大力开展信息化建设的同时,加强了互联网治理和安全保障工作。① 例如,国家为了进一步促进信息化发展,于2006年3月制定了《2006—2020年国家信息化发展战略》,明确了我国今后网信工作开展的重点、目标与行动计划。在发展信息化建设的同时,国家还兼顾信息安全的建设。为此,国务院与全国人大常委会先后于2012年6月与2012年12月发布了《国务院关于大力推进信息化发展和切实保障信息安全的若干意见》与《全国人民代表大会常务委员会关于加强网络信息保护的决定》。

（4）完善阶段：2014年至今。目前我国所处的这一时期正处于网络空间极速、全面发展的时期,在这一时期互联网的现实性、及时性和全球化的特征越发地明显,由此引发的问题也呈现并散落在与之相关的各个方面。为了能够综合、全面地实施有效治理,国家于2014年2月成立了网络安全与信息化领导小组,为了解决网络空间中出现的新问题,开始对网络空间进行大刀阔斧式的综合性改革与治理。如为了打击网络诈骗与网络淫秽信息的传播,中央网信办先后制定了《即时通信工具公众信息服务发展管理暂行规定》《互联网用户账号名称管理规定》以及《互联网危险物品信息发布管理规定》等。本书将1991—2020年网络立法的具体情形进行了详细的梳理,其中,1991—2013年不分年度进行统计,2014—2020年按年份进行统计。详见表5.1~表5.8。

表5.1　1991—2013年网信领域的立法情况

序　号	发文时间	发文部门	名　　称
1	1991年11月	劳动部	《全国劳动管理信息计算机系统病毒防止规定》
2	1994年2月	国务院	《中华人民共和国计算机信息系统安全保护条例》
3	1996年2月	国务院	《中华人民共和国计算机信息网络国际联网安全保护管理暂行规定》
4	1997年	国信办	《中国互联网络域名注册暂行管理办法》
5	1997年12月	公安部	《计算机信息系统安全专用产品检测和销售许可管理办法》
6	1997年12月	公安部	《计算机信息网络国际联网安全保护管理办法》
7	1998年2月	国家保密局	《计算机信息系统保密管理暂行规定》

---

① 谢永江,姜淑丽. 我国网络立法现状与问题分析[J]. 网络与信息安全学报,2015(1).

(续表)

序　号	发文时间	发文部门	名　称
8	1998 年 3 月	国务院信息办	《中华人民共和国计算机信息网络国际联网管理暂行规定实施办法》
9	2000 年 9 月	国务院	《互联网信息服务管理办法》
10	2000 年 9 月	国务院	《互联网上网服务营业场所管理条例》
11	2000 年 11 月	信息产业部	《互联网电子公告服务管理规定》
12	2000 年 12 月	全国人大常委会	《关于维护互联网安全的决定》
13	2001 年 1 月	卫生部	《互联网医疗卫生信息服务管理办法》
14	2001 年 12 月	国务院	《计算机软件保护条例》
15	2002 年 8 月	信息产业部	《中国互联网络域名管理办法》
16	2003 年 7 月	文化部	《互联网文化管理暂行规定》
17	2003 年 12 月	最高院	《关于修改〈最高人民法院关于审理涉及计算机网络著作权纠纷案件适用法律若干问题的解释〉》
18	2004 年 9 月	信息产业部	修订《中国互联网络域名管理办法》
19	2004 年 8 月	全国人大常委会	《电子签名法》
20	2006 年 3 月	中共中央办公厅、国务院办公厅	《2006—2020 年国家信息化发展战略》
21	2006 年 5 月	国务院	《信息网络传播权保护条例》
22	2009 年 2 月	全国人大常委会	《刑法修正案(七)》新增两类网络犯罪
23	2010 年 6 月	文化部	《网络游戏管理暂行办法》
24	2012 年 6 月	国务院	《国务院关于大力推进信息化发展和切实保障信息安全的若干意见》
25	2013 年 8 月	国务院	《"宽带中国"战略及实施方案》

表 5.2　2014 年网信领域的立法情况

序　号	发文时间	发文部门	名　称
1	1 月 2 日	国家新闻出版广电总局	《国家新闻出版广电总局关于进一步完善网络剧、微电影等网络视听节目管理的补充通知》
2	1 月 6 日	工信部、上海市人民政府	《关于中国(上海)自由贸易试验区进一步对外开放增值电信业务的意见》

（续表）

序　号	发文时间	发文部门	名　称
3	1月8日	工信部办公厅、国家发改委办公厅	《关于开展创建"宽带中国"示范城市（城市群）工作的通知》
4	1月26日	工商总局	《网络交易管理办法》
5	2月11日	国家测绘地理信息局	《关于进一步加强互联网地图安全监管工作的通知》
6	2月13日	国务院办公厅	《国务院办公厅关于印发国务院2014年立法工作计划的通知》
7	2月26日	国务院	《国务院关于推进文化创意和设计服务与相关产业融合发展的若干意见》
8	3月29日	国务院办公厅	《国务院办公厅关于印发2014年全国打击侵犯知识产权和制售假冒伪劣商品工作要点的通知》
9	4月13日	全国"扫黄打非"工作小组办公室等四部门	《关于开展打击网上淫秽色情信息专项行动的公告》
10	4月14日	全国人大常委会	《全国人大常委会2014年立法工作计划》
11	4月15日	工信部、公安部、工商总局	《工业和信息化部 公安部 工商总局关于印发打击治理移动互联网恶意程序专项行动工作方案的通知》
12	4月18日	国家新闻出版广电总局办公厅	《关于进一步规范出版境外著作权人授权互联网游戏作品和电子游戏出版物申报材料的通知》
13	4月29日	国务院	《中华人民共和国商标法实施条例》
14	4月30日	国务院	《国务院批转发展改革委关于2014年深化经济体制改革重点任务意见的通知》
15	4月30日	工信部等十四部门	《关于实施"宽带中国"2014专项行动的意见》
16	5月7日	打击治理移动互联网恶意程序专项行动领导小组办公室	《关于印发打击治理移动互联网恶意程序专项行动任务分工的通知》
17	5月12日	中国保险业监督管理委员会	《关于防范利用网络实施保险违法犯罪活动的通知》
18	5月28日	工商总局	《网络交易平台经营者履行社会责任指引》

序　号	发文时间	发文部门	名　　称
19	5 月 30 日	工信部	《关于在打击治理移动互联网恶意程序专项行动中做好应用商店安全检查工作的通知》
20	6 月 14 日	国务院	《国务院关于印发社会信用体系建设规划纲要（2014—2020 年）的通知》
21	7 月 2 日	公安部	《关于办理网络犯罪案件适用刑事诉讼程序若干问题的意见》
22	7 月 22 日	国务院	《国务院关于取消和调整一批行政审批项目等事项的决定》
23	7 月 22 日	工信部	《关于深入开展整治移动智能终端应用传播淫秽色情信息工作的通知》
24	7 月 25 日	国家食品药品监督管理总局	《食品药品监管总局关于开展互联网第三方平台药品网上零售试点工作的批复》
25	7 月 25 日	国家新闻出版广电总局办公厅	《关于深入开展网络游戏防沉迷实名验证工作的通知》
26	7 月 28 日	国务院	《国务院关于加快发展生产性服务业促进产业结构调整升级的指导意见》
27	7 月 30 日	工商总局	《网络交易平台合同格式条款规范指引》
28	8 月 1 日	工信部办公厅	《工业和信息化部办公厅关于组织实施 2014 年度宽带建设发展示范项目的通知》
29	8 月 7 日	国家互联网信息办公室	《即时通信工具公众信息服务发展管理暂行规定》
30	8 月 18 日	中央全面深化改革领导小组	《关于推动传统媒体和新兴媒体融合发展的指导意见》
31	8 月 21 日	最高人民法院	《最高人民法院关于审理利用信息网络侵害人身权益民事纠纷案件适用法律若干问题的规定》
32	8 月 26 日	国务院	《国务院关于授权国家互联网信息办公室负责互联网信息内容管理工作的通知》
33	8 月 27 日	国家发改委等八部门	《关于印发促进智慧城市健康发展的指导意见的通知》
34	8 月 28 日	工信部	《工业和信息化部关于加强电信和互联网行业网络安全工作的指导意见》
35	9 月 28 日	国家新闻出版广播电视总局办公厅	《国家新闻出版广播电视总局办公厅关于加强有关广播电视节目、影视剧和网络视听节目制作传播管理的通知》

(续表)

序　号	发文时间	发文部门	名　称
36	9月29日	工商总局、工信部	《关于加强境内网络交易网站监管工作协作积极促进电子商务发展的意见》
37	9月30日	国家测绘地理信息局	《关于成立国家测绘地理信息局网络安全和信息化领导小组的通知》
38	10月15日	工信部办公厅、国家发改委办公厅	《工业和信息化部办公厅 国家发展和改革委员会办公厅关于全面推进IPV6在LTE网络中部署应用的实施意见》
39	10月21日	国家新闻出版广电总局、国家互联网信息办公室	《关于在新闻网站核发新闻记者证的通知》
40	10月23日	国务院	《国务院关于取消和调整一批行政审批项目等事项的决定》（国发〔2014〕50号）
41	10月24日	最高人民法院、中国银行业监督管理委员会	《最高人民法院 中国银行业监督管理委员会关于人民法院与银行业金融机构开展网络执行查控和联合信用惩戒工作的意见》
42	11月16日	国务院	《国务院关于创新重点领域投融资机制鼓励社会投资的指导意见》
43	11月17日	国务院	《国务院办公厅关于加强政府网站信息内容建设的意见》
44	12月2日	质检总局	《电子商务产品质量提升行动工作方案》
45	12月24日	商务部	《网络零售第三方平台交易规则制定程序规定（试行）》

表5.3　2015年以来网信领域的立法情况

序　号	发文时间	发文部门	名　称
1	2月4日	国家互联网信息办公室	《互联网用户账号名称管理规定》
2	2月4日	最高人民法院	《最高人民法院关于适用〈中华人民共和国民事诉讼法〉的解释》
3	2月5日	公安部、国家互联网信息办公室	《互联网危险物品信息发布管理规定》
4	3月15日	国家工商行政管理总局	《侵害消费者权益行为处罚办法》
5	3月23日	中共中央国务院	《中共中央、国务院关于深化体制机制改革加快实施创新驱动发展战略的若干意见》

序　号	发文时间	发文部门	名　称
6	4月1日	工信部	《关于开展2015年智能制造试点示范项目推荐的通知》
7	4月7日	工商总局	《关于禁止滥用知识产权排除、限制竞争行为的规定》
8	4月9日	国家卫计委办公厅等十二部门	《关于印发开展打击代孕专项行动工作方案的通知》
9	4月9日	国务院	《2015年全国打击侵犯知识产权和制售假冒伪劣商品工作要点》
10	4月15日	民政部	《关于进一步做好福利彩票专项整改工作的通知》
11	4月24日	全国人大常委会	《中华人民共和国电子签名法(2015年修正)》
12	4月28日	国家互联网信息办	《互联网新闻信息服务单位约谈工作规定》
13	4月29日	中宣部等九部门	《关于加强互联网禁毒工作的意见》
14	5月6日	国务院	《中国制造2025》
15	5月7日	国务院	《关于大力发展电子商务加快培育经济新动力的意见》
16	5月15日	商务部	《"互联网＋流通"行动计划》
17	5月20日	国务院办公厅	《关于加快高速宽带网络建设推进网络提速降费的指导意见》
18	6月5日	交通运输部办公厅	《关于进一步做好道路客运联网售票有关工作的通知》
19	6月16日	国务院	《关于大力推进大众创业万众创新若干政策措施的意见》
20	6月19日	工信部	《关于放开在线数据处理与交易处理业务(经营类电子商务)外资股比限制的通告》
21	6月20日	国务院办公厅	《关于促进跨境电子商务健康快速发展的指导意见》
22	7月2日	文化部	《文化部关于落实"先照后证"改进文化市场行政审批工作的通知》
23	7月4日	国务院	《关于积极推进"互联网＋"行动的指导意见》

(续表)

序号	发文时间	发文部门	名称
24	7月6日	全国人大常委会	《中华人民共和国网络安全法(草案)》
25	7月8日	国家版权局	《关于责令网络音乐服务商停止未经授权传播音乐作品的通知》
26	7月18日	中国人民银行等十部门	《关于促进互联网金融健康发展的指导意见》
27	7月21日	文化部	《关于允许内外资企业从事游戏游艺设备生产和销售的通知》
28	8月6日	最高人民法院	《最高人民法院关于审理民间借贷案件适用法律若干问题的规定》
29	9月1日	全国人大常委会	《广告法》
30	9月1日	国务院	《国务院关于大力发展电子商务加快培育经济新动力的意见》
31	9月2日	国家工商行政管理总局	《网络商品和服务集中促销活动管理暂行规定》
32	9月4日	国务院办公厅	《三网融合推广方案》
33	9月7日	知识产权局等五部门	《关于进一步加强知识产权运用和保护助力创新创业的意见》
34	9月18日	国家旅游局	《关于实施"旅游＋互联网"行动计划的通知》
35	10月10日	交通运输部	《网络预约出租汽车经营服务管理暂行办法》
36	10月14日	国家版权局	《关于规范网盘服务版权秩序的通知》
37	10月19日	国务院	《关于实行市场准入负面清单制度的意见》
38	10月23日	文化部	《关于进一步加强和改进网络音乐内容管理工作的通知》
39	10月27日	最高法等四部门	《关于依法严厉打击非法电视网络接收设备违法犯罪活动的通知》
40	11月1日	全国人大常委会	《刑法修正案(九)》
41	11月6日	国家工商行政管理总局	《关于加强网络市场监管的意见》
42	11月7日	国务院办公厅	《关于加强互联网领域侵权假冒行为治理的意见》

(续表)

序 号	发文时间	发文部门	名 称
43	11 月 9 日	国务院办公厅	《关于促进农村电子商务加快发展的指导意见》
44	11 月 12 日	国家工商行政管理总局	《关于加强和规范网络交易商品质量抽查检验的意见》
45	11 月 18 日	国家工商总局	发布《关于加强和规范网络交易商品质量抽查检验的意见》
46	11 月 25 日	工信部	《国务院关于积极推进"互联网＋"行动的指导意见》
47	11 月 26 日	国务院	《地图管理条例》
48	12 月 28 日	中国人民银行	《非银行支付机构网络支付业务管理办法》

表 5.4　2016 年以来网信领域的立法情况

序 号	发文时间	发文部门	名 称
1	1 月 27 日	中共中央、国务院	《关于落实发展新理念加快农业现代化实现全面小康目标的若干意见》
2	1 月 29 日	保监会	《关于加强互联网平台保证保险业务管理的通知》
3	2 月 4 日	国务院	《关于进一步做好防范和处置非法集资工作的意见》
4	2 月 19 日	国家知识产权局	《专利行政执法操作指南(试行)》
5	2 月 23 日	国务院办公厅	《关于加快众创空间发展服务实体经济转型升级的指导意见》
6	2 月 25 日	国家工商总局	《公益广告促进和管理暂行办法》
7	4 月 4 日	中共中央办公厅、国务院办公厅	《关于进一步深化文化市场综合执法改革的意见》
8	4 月 4 日	中国人民银行等十四部门	《非银行支付机构风险专项整治工作实施方案》
9	4 月 25 日	国家新闻出版广电总局	《专网及定向传播视听节目服务管理规定》
10	5 月 5 日	国家知识产权局	《专利侵权行为认定指南(试行)》
11	5 月 5 日	国家知识产权局	《专利行政执法证据规则(试行)》

（续表）

序 号	发文时间	发文部门	名 称
12	5 月 5 日	国家知识产权局	《专利纠纷行政调解指引（试行）》
13	5 月 18 日	国家发改委等四部门	《"互联网＋"人工智能三年行动实施方案》
14	5 月 20 日	国务院	《关于深化制造业与互联网融合发展的指导意见》
15	6 月 7 日	中国人民银行、银监会	《银行卡清算机构管理办法》
16	6 月 14 日	国务院	《关于在市场体系建设中建立公平竞争审查制度的意见》
17	7 月 13 日	国家食品药品监督管理总局	《网络食品安全违法行为查处办法》
18	7 月 13 日	国家新闻出版广电总局	《关于进一步加快广播电视媒体与新兴媒体融合发展的意见》
19	7 月 18 日	国务院	《〈国务院关于新形势下加快知识产权强国建设的若干意见〉重点任务分工方案》
20	7 月 25 日	国家工商总局	《关于大力推进商标注册便利化改革的意见》
21	7 月 27 日	中共中央办公厅、国务院办公厅	《国家信息化发展战略纲要》
22	7 月 28 日	交通运输部	《网络预约出租汽车经营服务管理暂行办法》
23	7 月 28 日	国务院办公厅	《关于深化改革推进出租汽车行业健康发展的指导意见》
24	7 月 29 日	发改委	《"互联网＋"高效物流实施意见》
25	8 月 3 日	最高人民法院	《最高人民法院关于人民法院网络司法拍卖若干问题的规定》
26	8 月 5 日	发改委、交通部	《"互联网＋"便捷交通促进智能交通发展的实施方案》
27	8 月 6 日	财政部、海关总署、国家税务总局	《关于动漫企业进口动漫开发生产用品税收政策的通知》
28	8 月 8 日	国务院	《"十三五"国家科技创新规划》
29	8 月 22 日	中网办	《关于加强国家网络安全标准化工作的若干意见》

（续表）

序号	发文时间	发文部门	名称
30	8月24日	银监会等四部门	《网络借贷信息中介机构业务活动管理暂行办法》
31	9月19日	国务院	《政务信息资源共享管理暂行办法》
32	9月20日	银监会、公安部	《电信网络新型违法犯罪案件冻结资金返还若干规定》
33	9月20日	最高法、最高检、公安部	《关于办理刑事案件收集提取和审查判断电子数据若干问题的规定》
34	9月21日	工信部、国家发改委	《智能硬件产业创新发展专项行动（2016—2018年）》
35	10月8日	商务部	《关于促进农村生活服务业发展扩大农村服务消费的指导意见》
36	10月13日	国务院办公厅	《互联网金融风险专项整治工作实施方案》
37	10月13日	国家工商行政管理总局等十七部门	《开展互联网金融广告及以投资理财名义从事金融活动风险专项整治工作实施方案》
38	10月13日	中国银监会	《P2P网络借贷风险专项整治工作实施方案》
39	10月13日	中国保监会等十五部门	《互联网保险风险专项整治工作实施方案》
40	10月19日	工商总局	《关于加强互联网领域消费者权益保护工作的意见》
41	11月3日	工信部	《信息化和工业化融合发展规划（2016—2020年）》
42	11月7日	全国人大常委会	《中华人民共和国网络安全法》
43	11月7日	工信部	《关于进一步防范和打击通讯信息诈骗工作的实施意见》
44	11月8日	工商总局	《广告发布登记管理规定》
45	11月8日	人社部	《关于印发"互联网＋人社"2020行动计划的通知》
46	11月23日	国务院扶贫开发领导小组办公室、国家发改委、农业部	《关于促进电商精准扶贫的指导意见》

(续表)

序 号	发文时间	发文部门	名 称
47	11月24日	公安部	《关于进一步推进"互联网＋公安政务服务"工作的实施意见》
48	11月25日	国家知识产权局	《关于开展知识产权快速协同保护工作的通知》
49	11月28日	银监会、工信部、工商总局	《网络借贷信息中介备案登记管理指引》
50	12月5日	文化部	《关于规范网络游戏运营加强事中事后监管工作的通知》
51	12月5日	工信部	《工业和信息化部办公厅关于进一步清理整治网上改号软件的通知》
52	12月6日	国家文物局等五部门	《"互联网＋中华文明"三年行动计划》
53	12月8日	工信部	《智能制造发展规划(2016—2020年)》
54	12月12日	文化部	《网络表演经营活动管理办法》
55	12月19日	国务院	《"十三五"国家战略性新兴产业发展规划》
56	12月20日	国家新闻出版广电总局	《关于进一步加强网络原创视听节目规划建设和管理的通知》
57	12月20日	最高法、最高检、公安部	《关于办理电信网络诈骗等刑事案件适用法律若干问题的意见》
58	12月25日	工信部	《移动智能终端应用软件预置和分发管理暂行规定》
59	12月27日	国家互联网信息办公室	《国家网络空间安全战略》
60	12月27日	国务院	《"十三五"国家信息化规划》
61	12月29日	商务部、网信办、发改委	《电子商务"十三五"发展规划》

表5.5 2017年以来网信领域的立法情况

序 号	发文时间	发文部门	名 称
1	1月3日	国家发改委	《关于加强交通出行领域信用建设的指导意见》
2	1月5日	国家发改委、工信部	《关于促进食品工业健康发展的指导意见》

（续表）

序号	发文时间	发文部门	名称
3	1月13日	商务部	《关于促进老字号改革创新发展的指导意见》
4	1月15日	中共中央办公厅、国务院办公厅	《关于促进移动互联网健康有序发展的意见》
5	1月16日	国家市场监督管理总局	《网络购买商品七日无理由退货暂行办法》
6	1月17日	商务部	《关于进一步推进国家电子商务示范基地建设工作的指导意见》
7	1月23日	财政部	《政府和社会资本合作（PPP）综合信息平台信息公开管理暂行办法》
8	1月24日	交通运输部	《关于开展智慧港口示范工程的通知》
9	1月24日	国务院办公厅	《关于进一步改革完善药品生产流通使用政策的若干意见》
10	1月24日	国家卫健委	《"十三五"全国人口健康信息化发展规划的通知》
11	1月25日	农业农村部	《"十三五"农业科技发展规划》
12	1月25日	国家版权局	《版权工作"十三五"规划》
13	2月6日	工信部、民政部、国家卫健委	《智慧健康养老产业发展行动计划（2017—2020年）》
14	2月16日	商务部等七部门	《关于推进重要产品信息化追溯体系建设的指导意见》
15	2月27日	国家知识产权局等九部门	《关于支持东北老工业基地全面振兴 深入实施东北地区知识产权战略的若干意见》
16	2月27日	国家知识产权局	《专利代理行业发展"十三五"规划》
17	3月22日	国务院	《国务院关于新形势下加强打击侵犯知识产权和制售假冒伪劣商品工作的意见》
18	4月11日	文化和旅游部	《关于推动数字文化产业创新发展的指导意见》
19	4月12日	国务院办公厅	《互联网金融风险专项整治工作实施方案》
20	4月12日	文化和旅游部	《文化部"十三五"时期文化产业发展规划》
21	4月25日	中国残联、商务部、国务院扶贫办	《电子商务助残扶贫行动实施方案》
22	4月26日	文化和旅游部	《文化部"十三五"时期文化科技创新规划》

（续表）

序 号	发文时间	发文部门	名 称
23	5月2日	国家互联网信息办公室	《互联网新闻信息服务管理规定》
24	5月2日	国家互联网信息办公室	《互联网信息内容管理行政执法程序规定》
25	5月3日	中共中央办公厅、国务院办公厅	《关于促进移动互联网健康有序发展的意见》
26	5月12日	国务院办公厅	《关于加快推进"多证合一"改革的指导意见》
27	5月13日	国务院办公厅	《政务信息系统整合共享实施方案》
28	5月15日	国务院办公厅	《国务院办公厅关于印发政府网站发展指引的通知》
29	5月17日	国家市场监督管理总局	《关于深入实施商标品牌战略推进中国品牌建设的意见》
30	5月23日	国家市场监督管理总局等十部门	《2017网络市场监管专项行动方案》
31	6月2日	最高人民检察院	《关于办理涉互联网金融犯罪案件有关问题座谈会纪要》
32	6月26日	工信部、国资委、国家标准化管理委员会	《关于深入推进信息化和工业化融合管理体系的指导意见》
33	6月27日	中国人民银行	《中国金融业信息技术"十三五"发展规划》
34	7月7日	文化和旅游部	《文化部"十三五"时期公共数字文化建设规划》
35	7月8日	国务院	《新一代人工智能发展规划》
36	7月26日	工信部、财政部	《关于推动中小企业公共服务平台网络有效运营的指导意见》
37	8月1日	交通运输部等十部门	《关于鼓励和规范互联网租赁自行车发展的指导意见》
38	8月9日	工信部	《公共互联网网络安全威胁监测与处置办法》
39	8月13日	国务院	《关于进一步扩大和升级信息消费持续释放内需潜力的指导意见》

序 号	发文时间	发文部门	名 称
40	8月17日	商务部、农业部	《关于深化农商协作大力发展农产品电子商务的通知》
41	8月21日	国家市场监督管理总局等十部门	《严肃查处虚假违法广告维护良好广告市场秩序工作方案》
42	8月22日	国家市场监督管理总局、国家标准化委员会	《关于加强广告业标准化工作的指导意见》
43	8月25日	国家互联网信息办公室	《互联网跟帖评论服务管理规定》
44	8月29日	国务院办公厅	《关于完善反洗钱、反恐怖融资、反逃税监管体制机制的意见》
45	9月7日	国家互联网信息办公室	《互联网群组信息服务管理规定》
46	9月7日	国家互联网信息办公室	《互联网用户公众账号信息服务管理规定》
47	9月7日	工信部	《互联网域名管理办法》
48	9月11日	工信部	《工业电子商务发展三年行动计划》
49	9月27日	国家质量监督检验检疫总局	《关于开展重要产品追溯标准化工作的指导意见》
50	9月30日	国家市场监督管理总局	《关于落实"证照分离"改革举措促进企业登记监管统一规范的指导意见》
51	10月30日	国家互联网信息办公室	《互联网新闻信息服务新技术新应用安全评估管理规定》
52	10月31日	工信部	《高端智能再制造行动计划(2018—2020年)》
53	11月2日	国家市场监督管理总局	《关于加强互联网药品医疗器械交易监管工作的通知》
54	11月23日	国家市场监督管理总局	《关于深化商标注册便利化改革切实提高商标注册效率的意见》
55	11月24日	商务部	《关于进一步深化商务综合行政执法体制改革的指导意见》
56	11月27日	国务院	《关于深化"互联网＋先进制造业"发展工业互联网的指导意见》

序　号	发文时间	发文部门	名　称
57	12月1日	互联网金融风险专项整治工作领导小组办公室、P2P网络借贷风险专项整治工作领导小组办公室	《关于规范整顿"现金贷"业务的通知》
58	12月4日	国务院办公厅	《国务院办公厅关于推进重大建设项目批准和实施领域政府信息公开的意见》
59	12月4日	国家中医药管理局	《关于推进中医药健康服务与互联网融合发展的指导意见》
60	12月12日	工信部	《工业控制系统信息安全行动计划(2018—2020年)》
61	12月14日	工信部	《促进新一代人工智能产业发展三年行动计划(2018—2020年)》
62	12月29日	工信部、国家标准化管理委员会	《国家车联网产业标准体系建设指南(智能网联汽车)》

表5.6　2018年以来网信领域的立法情况

序　号	发文时间	发文部门	名　称
1	1月6日	中央军委	《军队互联网媒体管理规定》
2	2月2日	国家互联网信息办公室	《微博客信息服务管理规定》
3	2月26日	交通运输部办公厅	《网络预约出租汽车监管信息交互平台运行管理办法》
4	3月4日	最高人民法院审判委员会	《最高人民法院关于人民法院通过互联网公开审判流程信息的规定》
5	3月16日	国家新闻出版广电总局	《关于进一步规范网络视听节目传播秩序的通知》
6	3月23日	公安部	《网络安全等级保护测评机构管理办法》
7	3月29日	工信部办公厅	《智能制造综合标准化与新模式应用项目管理工作细则》
8	3月30日	中央网信办、中国证监会	《关于推动资本市场服务网络强国建设的指导意见》
9	4月2日	国务院办公厅	《科学数据管理办法》

序　号	发文时间	发文部门	名　称
10	4月4日	公安部	《公安机关互联网安全监督检查规定（征求意见稿）》
11	4月11日	工信部等六部门	《智能光伏产业发展行动计划（2018—2020年）》
12	4月28日	国务院办公厅	《关于促进"互联网＋医疗健康"发展的意见》
13	5月11日	工信部	《工业互联网APP培育工程实施方案（2018—2020年）》
14	5月14日	国家发改委等八部门	《关于加强对电子商务领域失信问题专项治理工作的通知》
15	5月23日	工信部、财政部	《国家新材料产业资源共享平台建设方案》
16	5月25日	工信部办公厅、财政部办公厅	《关于发布2018年工业转型升级资金工作指南》
17	6月5日	交通运输部等七部门	《关于加强网络预约出租汽车行业事中事后联合监管有关工作的通知》
18	6月7日	工信部	《工业互联网发展行动计划（2018—2020年）》
19	6月7日	工信部	《工业互联网专项工作组2018年工作计划》
20	6月22日	国务院办公厅	《进一步深化"互联网＋政务服务"推进政务服务"一网、一门、一次"改革实施方案》
21	7月2日	国家认证认可监督管理委员会	《网络关键设备和网络安全专用产品安全认证实施规则》
22	7月11日	工信部	《关于进一步加强企业两化融合评估诊断和对标引导工作》
23	7月19日	工信部	《工业互联网平台建设及推广指南》
24	7月19日	工信部	《工业互联网平台评价方法》
25	7月23日	工信部	《推动企业上云实施指南（2018—2020年）》
26	7月27日	中国人民银行	《关于加强跨境金融网络与信息服务管理的通知》
27	8月1日	全国"扫黄打非"办公室等六部门	《关于加强网络直播服务管理工作的通知》
28	8月24日	银保监会等五部门	《关于防范以"虚拟货币""区块链"名义进行非法集资的风险提示》

(续表)

序　号	发文时间	发文部门	名　　称
29	8 月 31 日	第十三届全国人大常委会第五次会议	《中华人民共和国电子商务法》
30	9 月 15 日	公安部	《公安机关互联网安全监督检查规定》(公安部令第 151 号)
31	9 月 26 日	工信部、国家标准化管理委员会	《国家智能制造标准体系建设指南(2018 年版)》
32	11 月 15 日	国家互联网信息办公室和公安部	《具有舆论属性或社会动员能力的互联网信息服务安全评估规定》
33	12 月 26 日	国家互联网信息办公室	《金融信息服务管理规定》
34	12 月 29 日	工信部	《产业发展与转移指导目录(2018 年本)》

表 5.7　2019 年以来网信领域的立法情况

序　号	发文时间	发文部门	名　　称
1	1 月 10 日	国家互联网信息办公室	《区块链信息服务管理规定》
2	1 月 21 日	工信部、国家机关事务管理局和国家能源局	《工业和信息化部 国家机关事务管理局 国家能源局关于加强绿色数据中心建设的指导意见》
3	1 月 23 日	中央网信办等四部门	《关于开展 APP 违法违规收集使用个人信息专项治理的公告》
4	1 月 25 日	工信部、国家标准化管理委员会	《工业互联网综合标准化体系建设指南》
5	2 月 19 日	国家发改委	《关于培育发展现代化都市圈的指导意见》
6	2 月 26 日	国家发改委等二十四个部门	《关于推动物流高质量发展促进形成强大国内市场的意见》
7	2 月 28 日	工信部、国家广播电视总局、中央广播电视总台	《超高清视频产业发展行动计划(2019—2022 年)》
8	3 月 13 日	工信部	《工业和信息化部关于 2019 年信息通信行业行风建设暨纠风工作的指导意见》
9	3 月 22 日	市场监管总局	《关于深入开展互联网广告整治工作的通知》

序　号	发文时间	发文部门	名　称
10	3月25日	中国人民银行	《中国人民银行关于进一步加强支付结算管理防范电信网络新型违法犯罪有关事项的通知》
11	4月8日	市场监管总局、公安部等六部门	《加强网购和进出口领域知识产权执法实施办法》
12	4月15日	国家发改委、科技部	《关于构建市场导向的绿色技术创新体系的指导意见》
13	4月19日	工信部、国资委	《关于开展深入推进宽带网络提速降费 支撑经济高质量发展2019专项行动的通知》
14	4月25日	国家发改委办公厅	《公共资源交易平台服务标准（试行）》
15	4月26日	国务院	《国务院关于在线政务服务的若干规定》
16	5月15日	国家标准化管理委员会、国家能源局	《关于加强能源互联网标准化工作的指导意见》
17	6月20日	工信部工业互联网专项工作组办公室	《工业互联网专项工作组2019年工作计划》
18	6月28日	工信部办公厅	《电信和互联网行业提升网络数据安全保护能力专项行动方案》
19	7月2日	国家互联网信息办公室等四部门	《云计算服务安全评估办法》
20	8月1日	国务院办公厅	《国务院办公厅关于促进平台经济规范健康发展的指导意见》
21	8月11日	国家广播电视总局	《关于推动广播电视和网络视听产业高质量发展的意见》
22	8月12日	国家发改委、交通运输部	《加快推进高速公路电子不停车快捷收费应用服务实施方案》
23	8月17日	国家医疗保障局	《国家医疗保障局关于完善"互联网＋"医疗服务价格和医保支付政策的指导意见》
24	8月22日	国家互联网信息办公室	《儿童个人信息网络保护规定》
25	8月28日	工信部等十个部门	《加强工业互联网安全工作的指导意见》

（续表）

序号	发文时间	发文部门	名　称
26	8月29日	工信部	《工业和信息化部关于促进制造业产品和服务质量提升的实施意见》
27	10月21日	最高法、最高检	《最高人民法院、最高人民检察院关于办理非法利用信息网络、帮助信息网络犯罪活动等刑事案件适用法律若干问题的解释》
28	10月26日	十三届全国人大常委会第十四次会议	《中华人民共和国密码法》
29	11月6日	文化和旅游部	《游戏游艺设备管理办法》
30	11月10日	国家发改委等十五个部门	《关于推动先进制造业和现代服务业深度融合发展的实施意见》
31	11月11日	工信部	《携号转网服务管理规定》
32	11月18日	国家互联网信息办公室、文化和旅游部、国家广播电视总局	《网络音视频信息服务管理规定》
33	11月19日	工信部	《"5G＋工业互联网"512工程推进方案》
34	11月28日	国家互联网信息办公室等四部门	《APP违法违规收集使用个人信息行为认定方法》
35	11月29日	国务院办公厅政府信息与政务公开办公室	《国务院办公厅政府信息与政务公开办公室关于规范政府信息公开平台有关事项的通知》
36	12月6日	国家发改委、教育部等七部门	《关于促进"互联网＋社会服务"发展的意见》
37	12月15日	国家互联网信息办公室	《网络信息内容生态治理规定》
38	12月20日	工信部等四部门	《推动原料药产业绿色发展的指导意见》
39	12月30日	国务院办公厅	《国家政务信息化项目建设管理办法》

表5.8　2020年以来网信领域的立法情况

序号	发文时间	发文部门	名　称
1	1月10日	国务院办公厅	《国务院办公厅政府信息与政务公开办公室关于转发〈江苏省政府信息公开申请办理答复规范〉的函》

(续表)

序　号	发文时间	发文部门	名　称
2	1月17日	国家民委等四部门	《关于进一步做好新形势下民族团结进步创建工作的指导意见》
3	1月24日	国务院办公厅	《国务院办公厅关于征集新型冠状病毒感染的肺炎疫情防控工作问题线索及意见建议的公告》
4	2月3日	国家卫生健康委办公厅	《关于加强信息化支撑新型冠状病毒感染的肺炎疫情防控工作的通知》
5	2月5日	中国人民银行	《网上银行系统信息安全通用规范》
6	2月6日	国家卫生健康委办公厅	《关于在疫情防控中做好互联网诊疗咨询服务工作的通知》
7	2月6日	教育部	《教育部应对新型冠状病毒感染肺炎疫情工作领导小组办公室关于疫情防控期间以信息化支持教育教学工作的通知》
8	2月14日	工信部办公厅	《关于做好疫情防控期间信息通信行业网络安全保障工作的通知》
9	2月24日	工信部	《关于有序推动工业通信业企业复工复产的指导意见》
10	2月26日	国家卫生健康委员会	《国家卫生健康委办公厅关于进一步落实科学防治精准施策分区分级要求做好疫情期间医疗服务管理工作的通知》
11	2月28日	国家医保局、国家卫生健康委	《关于推进新冠肺炎疫情防控期间开展"互联网＋"医保服务的指导意见》
12	2月28日	国务院办公厅	《国务院办公厅关于生态环境保护综合行政执法有关事项的通知》
13	3月1日	交通运输部	《交通运输部应对新型冠状病毒感染的肺炎疫情联防联控机制关于严格落实网约车、顺风车疫情防控管理有关要求的通知》
14	3月2日	国务院办公厅、人社部	《关于依托全国一体化在线政务服务平台做好社会保障卡应用推广工作的通知》
15	3月3日	国务院办公厅	《国务院办公厅关于进一步精简审批优化服务精准稳妥推进企业复工复产的通知》
16	3月6日	工信部办公厅	《关于推动工业互联网加快发展的通知》
17	3月9日	市场监督管理总局等十一部门	《整治虚假违法广告部际联席会议2020年工作要点》和《整治虚假违法广告部际联席会议工作制度》

(续表)

序 号	发文时间	发文部门	名 称
18	3月12日	国家能源局	《重大活动电力安全保障工作规定》(2020修订)
19	3月17日	市场监管总局	《关于印发2020年立法工作计划的通知》
20	3月18日	工信部办公厅	《中小企业数字化赋能专项行动方案》
21	3月22日	国务院办公厅	《关于在防疫条件下积极有序推进春季造林绿化工作的通知》
22	3月26日	国务院	《国务院关于支持中国(浙江)自由贸易试验区油气全产业链开放发展若干措施的批复》
23	4月7日	全国银行间同业拆借中心	《关于提前做好银行间本币市场交易平台回购及衍生品市场一期功能上线相关技术准备的通知》
24	4月13日	国家互联网信息办等十二部门	《网络安全审查办法》
25	4月28日	工信部	《关于工业大数据发展的指导意见》
26	4月30日	工信部办公厅	《关于深入推进移动物联网全面发展的通知》
27	5月8日	中国银保监会办公厅	《信用保险和保证保险业务监管办法》
28	5月8日	国家卫生健康委、国家中医药管理局	《关于做好公立医疗机构"互联网＋医疗服务"项目技术规范及财务管理工作的通知》
29	5月15日	自然资源部、国家税务总局、中国银保监会	《关于协同推进"互联网＋不动产登记"方便企业和群众办事的意见》
30	5月21日	国家卫生健康委办公厅	《关于进一步完善预约诊疗制度加强智慧医院建设的通知》
31	6月6日	国务院	《国务院关于落实〈政府工作报告〉重点工作部门分工的意见(2020)》
32	6月17日	国务院办公厅	《国务院办公厅关于支持出口产品转内销的实施意见》
33	6月22日	中国银保监会	《关于规范互联网保险销售行为可回溯管理的通知》
34	7月10日	国务院办公厅	《国务院办公厅关于全面推进城镇老旧小区改造工作的指导意见》

（续表）

序 号	发文时间	发文部门	名 称
35	7月12日	中国银行保险监督管理委员会	《商业银行互联网贷款管理暂行办法》
36	7月13日	国务院	《国务院关于促进国家高新技术产业开发区高质量发展的若干意见》
37	7月14日	国家发改委、中央网信办、工信部等	《关于支持新业态新模式健康发展 激活消费市场带动扩大就业的意见》
38	7月15日	国务院办公厅	《国务院办公厅关于进一步优化营商环境更好服务市场主体的实施意见》
39	7月16日	国务院办公厅	《国务院办公厅关于印发深化医药卫生体制改革2020年下半年重点工作任务的通知》
40	7月22日	工信部	《关于开展纵深推进APP侵害用户权益专项整治行动的通知》
41	7月23日	国务院办公厅	《国务院办公厅关于提升大众创业万众创新示范基地带动作用 进一步促改革稳就业强动能的实施意见》
42	7月28日	国务院办公厅	《国务院办公厅关于支持多渠道灵活就业的意见》
43	8月22日	国家发改委、工信部、公安部等	《推动物流业制造业深度融合创新发展实施方案》
44	8月25日	中共中央办公厅、国务院办公厅	《中共中央办公厅、国务院办公厅印发〈关于改革完善社会救助制度的意见〉》
45	9月22日	国家外汇管理局	《通过银行进行国际收支统计申报业务实施细则》（2020年修订）
46	9月26日	中共中央办公厅、国务院办公厅	《关于加快推进媒体深度融合发展的意见》
47	10月10日	工信部、应急管理部	《"工业互联网＋安全生产"行动计划（2021—2023年）》
48	10月19日	市场监管总局、中央宣传部、工信部等	《2020网络市场监管专项行动（网剑行动）方案的通知》
49	10月20日	国务院办公厅	《新能源汽车产业发展规划（2021—2035年）的通知》

(续表)

序　号	发文时间	发文部门	名　称
50	10月24日	国家医疗保障局	《积极推进"互联网＋"医疗服务医保支付工作的指导意见》
51	11月10日	市场监督管理总局	《关于平台经济领域的反垄断指南（征求意见稿）》
52	11月15日	国务院办公厅	《关于切实解决老年人运用智能技术困难实施方案》
53	11月18日	文化和旅游部	《关于推动数字文化产业高质量发展的意见》
54	12月7日	中国银行保险监督管理委员会	《互联网保险业务监管办法》
55	12月17日	工信部办公厅	《电信和互联网行业数据安全标准体系建设指南》
56	12月22日	工业互联网专项工作组	《工业互联网创新发展行动计划（2021—2023年）》
57	12月25日	工信部	《工业互联网标识管理办法》

注：以上部分内容根据2014—2020年的《国家互联网发展报告》进行整理。

2. 目前从网络立法的横向发展来看，我国网络立法具体涉及与涵盖了五个方面

（1）关于互联网的管理。在这方面，主要是由国务院通过行政法规和最高法院以司法解释的形式来实现管理的，具体分为三个内容：第一，关于国际互联网域名管理的法律法规，如国信办出台的《中国互联网络域名注册暂行管理办法》《中国互联网络域名注册实施细则》以及最高法院发布的《最高人民法院关于审理涉及计算机网络域名民事纠纷案件适用法律若干问题的解释》；第二，关于电信管理方面的立法，如国务院公布的《中华人民共和国电信管理条例》《外商投资电信企业管理规定》以及最高法院发布的《最高人民法院关于审理扰乱电信市场管理秩序案件具体适用法律若干问题的解释》；第三，关于行业自律方面的公约，我国自2001年成立全国性的网络行业组织——中国互联网协会以来，已先后制定了包括《中国互联网行业自律公约》《文明上网自律公约》《互联网新闻信息服务公约》等在内的10余项行业自律公约。

（2）关于网络信息安全的保护。这方面的法律法规主要针对的是通过网络侵犯他人权益、社会与国家利益的行为，如国务院颁布的《中华人民共和国计算机信息系统安全保护条例》《计算机信息网络国际联网安全保护管理办

法》，以及全国人大常委会于 2009 年颁布的《刑法修正案（七）》中针对网络犯罪新增的非法获取计算机数据罪、非法控制计算机信息系统罪等罪名。

（3）关于对电子商务的规范化管理。这类法律法规主要是针对电子商务的各个环节进行规范的，如 1999 年颁布的《中华人民共和国合同法》，其在第十一条和第十六条正式确认了以电子形式订立的合同的效力，《中华人民共和国电子签名法》则第一次确认了电子签名的法律效力，规范了电子签名在电子商务中的应用。之后由中国国家贸易委员会与中国国际商会共同颁发的《中国国际经济贸易仲裁委员会网上仲裁规则》明确了在线解决电子商务纠纷的仲裁规则，而商务部于 2011 年发布的《第三方电子商务交易平台服务规范》则对电子商务中第三方交易平台提供商的市场准入、基本原则、行为规范、监督管理等一系列方面进行了规范。①

（4）关于对网络知识产权的保护。这方面的法律法规主要有：《互联网著作权行政保护办法》《计算机软件保护条例（2001）》以及由最高院出台的《最高人民法院关于审理涉及计算机网络著作权纠纷案件适用法律若干问题的解释》。

（5）关于对未成年人的保护。此类法律法规着重保护未成年人在网络空间范围内的身心健康，防止不良信息传播对其造成的影响，如《关于办理利用互联网、移动通信终端、声讯台制作、复制、出版、贩卖、传播淫秽电子信息刑事案件具体应用法律若干问题的解释》中第六条就规定，对未成年人具有传播淫秽信息行为的依法从重处罚。又如，《未成年人保护法（2006 修订）》的第 36条中规定了为预防未成年人沉迷网络，网吧等营业性场所不得向未成年人开放。

2020 年 10 月，十一届全国人大常委会第二十二次会议审议通过了新修订的《中华人民共和国未成年人保护法》。该法增设"网络保护"专章，第六十四条明确规定，国家、社会、学校和家庭应当加强未成年人网络素养宣传教育，培养和提高未成年人的网络素养，增强未成年人科学、文明、安全、合理使用网络的意识和能力，保障未成年人在网络空间的合法权益。用十六个条文从政府、学校、家庭、网络产品和服务提供者出发，对网络素养教育、网络信息内容管理、网络沉迷预防等方面做了详细的规定，通过立法实现对未成年人的线上线下全方位保护。"体现了针对儿童群体的专门网络保护立法宗旨，落实了《网络安全法》对未成年人群保护的适用，凸显了中国网络社会法治规范趋于

---

① 陈奎，刘宇晖. 网络法十六讲[M]. 北京：对外经济贸易大学出版社，2014：5.

精细化与体系化。"①

综上，通过对我国目前网络空间立法纵向与横向的比较以及相关数据的分析可以看出，目前我国网络空间立法已涉及网络信息安全、网络空间管理、域名与电信管理、电商服务行业管理、个人信息保护、网络知识产权保护、网络侵权与网络犯罪等诸多领域。截止到 2020 年年底，已出台涉及网络问题的法律、法规和规章超过了 370 余部，可见，已初步形成了覆盖多领域的较为全面的网络空间立法体系。

5.2 我国现有网络空间立法体系的缺陷

虽然目前我国已初步建立起了覆盖范围较为广泛、立法更新速度较快的网络空间立法体系，但仍存在着诸多缺陷。

（1）专门立法的层级较低，缺乏足够的立法权威性。通过前文对我国网络立法状况的统计数据可以看出，在现有网络空间的立法中，大部分的立法停留在部门规章和政府规范性文件的层面上，主要以国务院部门规章、地方性法规与规章以及规范性文件的形式呈现。尽管偶有最高人民法院与最高人民检察院针对具体案件问题做出过相关的司法解释，但是在立法文件中所占的比例仍然比较小。具体而言，具有法律性质的立法仅分别是《全国人大常委会关于维护互联网安全的决定》《全国人大常委会关于加强网络信息保护的决定》《中华人民共和国电子签名法》《中华人民共和国密码法》《中华人民共和国网络安全法》《中华人民共和国电子商务法》《中华人民共和国数据安全法》《中华人民共和国个人信息保护法》。其他立法多为行政法规与部门规章，并占据了绝大多数部分，而未纳入统计的地方性法规与规章则更多，从而彰显出我国网络空间立法的整体层次较低、缺乏较高权威性的特点。

（2）从立法主体上来看，立法主体间缺乏相互的协调性与统筹性。这些主体包括全国人大常委会、国务院、国务院各部委、最高人民法院、最高人民检察院以及地方各级权力机关与政府机关。可见，在网络空间的范围内缺乏一个系统性的立法机关来出台相关的专门性立法。

（3）从立法的过程来看，我国在网络空间立法程序方面缺乏足够的民主参与性，在涉及网民或者网络业务经营者切身重大利益时，有关立法机关很少

---

① 中国网络空间研究院. 中国互联网发展报告 2021[M]. 北京:电子工业出版社,2021:191.

去主动咨询相关利益主体与公众利益主体的意见。出现此类现象的原因主要是,目前我国网络空间立法程序主要依据的是国务院制定的《行政法规制定程序条例》和《规章制定程序条例》,这种由行政机关创设立法规则并由自己进行具体立法活动的现象明显缺乏现代行政法所应具备的控权精神。由此而引出了一系列弊端,因而出现过分强调政府控权治理而忽视民主参与性的现象也就不足为奇了。此外,现行立法名称中"暂行""试行"的相关规定较多,其既缺乏立法的有效稳定性,也缺乏立法的正式规范性。

(4)从立法的内容来看,首先,我国现有的网络空间立法内容过于强调原则性的理论知识,缺乏实际可操作性,宣示性的条款过多,所以执行起来较为困难。比如,虽然我国对网络空间立法的内容范围较广,但在诸多具体领域缺乏有效的法律规制,没有明确清晰的划分标准,对淫秽色情、损害国家与社会利益等的规定过于模糊和笼统,缺乏明确的含义。因此在实践操作中,会出现在处理此类相关案件时,监管部门的执法人员往往会直接根据自己的主观理解来判断此类案件。其次,所涉及的内容主要集中体现在个人信息保护和对网络运营商的规制与网络安全方面,远远不能覆盖伴随着互联网发展而产生的各种法律问题,如网络监督、网络反腐、网络暴力、网络隐私权、虚拟物品价值等,从而使许多重要并且迫切需要解决的问题缺乏切实有效的引导和规范,形成了立法真空的地带。① 出现大量立法真空地带的现象,主要是依据当前现行互联网立法的相关规定,对经营互联网视频业务进行监管的行政机关涉及国家广电总局、文化部、新闻出版总署等相关部门,各行政机关基于行政职权而对网络空间的整体性问题分别立法,因此在立法的过程中难免会产生不少交叉地带,使得目前经营互联网视频业务的行政负担过重。

(5)从法律效力与制裁方面来看,分析发现网络空间立法中的专门立法多为国家政府监管性的内容,立法名称中直接含有"管理"二字的规定占立法比重较大。而立法目的中含有与"维护国家安全和社会公共利益""保护个人、法人和其他组织的合法权益"等相关的类似于权利保护的宣示性表述的网络空间立法较少。从现行立法名称以及立法主体的比较分析中可以发现,现行网络空间中的立法侧重于宣誓行政机关的监管职权,主要体现的是维护部门的利益,并着重强调行政主管部门的行政职权、管理措施、行政处罚等。但对他们的职责和违法后应承担的行政责任规定得较为含糊或缺乏相应规定,没有较为全面的对相对人进行相应权益行政救济的规定条款,缺乏真正维护网

---

① 佟力强. 国内外互联网立法研究[M]. 北京:中国社会科学出版社,2014:176.

民或者网络业务经营者权利的有效保障。而出现此类现象的原因在于,目前我国网络空间立法主要处于国务院部门规章与政府规章的层次上,大多数是国务院部门基于本部门职能属性的需求,并且针对自己职权范围内的特定行业领域在网络中的使用安全问题而制定的,虽然其在具体领域中对具体行业中网络使用安全有一定的积极促进作用,但在法律效力层级上受到了较大的局限。

之所以效力层级不高,是因为根据目前我国行政处罚法的规定,国务院部委制定的规章、省级政府与一些设区的市制定的规章只能在法律、行政法规规定的给予行政处罚种类和幅度的范围内做出更具体的规定,不得逾越法律、行政法规设定的处罚范围。因此,在法律、行政法规缺乏具体有效依据的情况下,作为网络空间立法的主要立法——规章立法便很难设定有效的处罚,并最终出现了网络空间立法层级不高、立法内容缺乏有效制裁措施的现象。

但无论怎样,我国网络空间立法本身已是一项可贵的探索,只是离真正形成一套比较可行和完备的网络空间立法体系制度还存在一定的距离,又由于信息传播的国际属性导致不少国家试图将国内政策与法律国际化。为此,如果不从当前我国的基本国情、网情出发去研究制定一套完备体系化的网络空间立法,我们将很可能要继续接受一些现存不合理的规则。因此,我国网络空间立法的研究与实践工作任重而道远。

5.3 我国网络空间立法体系的构建

结合目前我国现有的网络空间立法现状以及相关的立法规定,笔者对中国网络空间立法体系的构建提出以下一些建议:

1. 在制定网络空间立法的过程中要充分权衡公权力主体与私权利主体之间的利益

随着政府部门网络信息化进程的快速推进,政府工作部门的工作理念与方式随之发生了相应的变化。在这种变化中,急需处理好政府信息公开与国家安全信息保密二者之间的关系。所以,在构建国家网络信息安全法规的框架时,一方面要将信息资源的利用建立在信息公开的基础之上,另一方面要切实关注信息安全的保密。在构建这方面的法律法规时要遵循这样一个原则,即国家作为国家秘密信息的唯一公权主体,其权力主体只能是国家。作为公权主体的国家,其秘密信息具有高度强制力,接触国家信息安全秘密的相关人员必须承担保密义务,不得非法向第三人或者机构公开转让或者泄露,否则必须承担泄露国家秘密信息及其相关的法律责任。①

在当今的网络空间时代,公民个人应享有高度的个人自由权,若这种权利行使不当有可能就会侵犯国家、社会或者其他相关人员的合法利益,进而带来种种信息安全问题。为此我们在网络空间立法时既要保证个人信息安全享有的自由权利,又要保证其权利的行使不得触碰国家与社会、他人合法利益的底线。

随着网络技术的不断发展,越来越多的企业已经将经营范围从实体经营领域扩展到了网络空间领域。由于每个公司、企事业单位等都有一些不为外人或者竞争对手知悉的内部信息,因此企业在网络上开展业务活动时,保密工作就成为他们首要解决的问题。在我国,对于侵犯商业秘密的行为,一般而言会在民事领域构成民事侵权,但如果情节严重时不排除有构成刑事犯罪的可能。同时在行政法领域中,对于侵犯商业秘密的不正当竞争行为,我国工商行政管理机关的公平交易局会对给予行政处罚的追究。

2. 在立法的过程中要坚持经济、社会与技术三者同步发展,同时还要兼顾在促进网络空间化自由发展时要加强必要的管控治理

由于我国目前的网络空间仍然处于不断完善发展的时期,因而当前仍应坚持积极鼓励网络空间的发展,而不能为之设置过多的门槛。具体可以结合当今世界上欧美发达国家的做法与先进经验,将网络空间建设的重点首先放在为网络空间的持续发展与建设扫清障碍上来。着重加强在反垄断、鼓励竞争等领域的建设,建立长期有效可持续的奖励机制,并在提供平等享用网络空间资源的机会与条件的基础上,积极动员社会全体成员共同参与,构筑促进国家网络空间法治化的有利条件。国家在积极推动网络空间发展的同时,也要辅之以国家与社会的宏观调控与协调。为了使得国家政治权力在网络空间瞬息变幻的发展中能够保持一定的权威性,尤其在面对网络空间发展过程中出现的侵害国家、社会利益的现象时仍能保持一定的制约力,我国政府应当在网络空间发展中通过有效的网络立法来促进和保持国家信息化的持续稳定发展。

具体而言,在当今社会信息技术高速发展、各种新技术不断涌现的大背景下,网络技术的发展作为一把双刃剑,往往在拉动经济发展的同时也会相应地

---

① 颜祥林,朱庆华. 网络信息政策法规导论[M]. 南京:南京大学出版社,2005:39.

带来一定的负面影响。为此在关注网络空间立法发展的同时,不能仅单纯地着眼于网络立法规定的内容本身,还应实地结合与兼顾当前经济、社会与技术的发展。具体可以借鉴国际社会中"技术中立"的主流思想,即在网络空间立法的过程中具体包含以下三个方面:第一,在相应的法律法规中规定技术规范;第二,在具体规定中排除技术的影响;第三,在立法规定中为技术的长期发展预留适当的空间。① 这样,既可以使得当前网络技术的发展符合当前网络空间法治的基本原则,又可以提高法律法规自身对网络技术发展的适应性。

3. 确立符合国情的立法模式

从我国当前所处的工业化时代向网络信息化时代转型的时期来看,网络技术在不断推动演进和促进社会转型方面也在不断地飞速发展进步着。在这一发展过程中,人们不仅在基础理论上缺乏必要的认识,而且在具体的实践中缺乏足以借鉴的经验。因此选择单独专门的立法模式很难建立起比较全面系统且有效的法律规范,很难反映当前网络空间活动中所存在的各种现实问题。同时,在具体立法活动中的立法投入成本也较高,并且在最后的司法操作过程中也会呈现出诸多的问题。

此外,基于非网络数字化和非网络虚拟化所建立起来的传统法律规范,使得网络空间传统立法模式在立法方面与现代网络技术现实发展方面会存在诸多不适应之处。如果法律法规规范性文件能够及时有效地反映网络空间客观的发展,那么网络立法将对网络空间技术产生积极促进作用;反之将会起到阻碍作用。"互联网的立法前提就是承认现行的传统法律原则都应该是应用于网络法律空间。互联网没有也不可能改变现实社会基本制度以及受这个制度保护的基本社会关系……虚拟世界的关系无非是现实世界的社会关系的延伸,仍然要受现实世界中现行法律的规范和调整。"②因此,我们在对网络空间进行立法时可以以当前现有国情与网情为基础,针对亟待调整的社会关系和规范的有关行为,修改现行法律条款,或者在之前法律条款的基础上新增相应补充条款,若现有法律对相关问题界定得不清、不明确的,还可以进一步借鉴司法解释。这样可以使得我国的法律体系保留其原有形态,充分利用已有的法律法规资源,来加强传统法律和新媒体融合的程度,同时也能适应我国网络信息化发展的现实与发展,从而起到完善现有网络立法体系的作用。

---

① 颜祥林,朱庆华. 网络信息政策法规导论[M]. 南京:南京大学出版社,2005:38.
② 魏永征. 新闻传播法律教程[M]. 北京:中国人民大学出版社,2002:251.

4. 在网络空间立法的过程中，要逐步构建起以电子商务相关法律为核心的网络空间立法体系

在当今社会中最基本的内容是社会经济活动，而在网络信息时代，这种经济活动又主要表现为电子商务活动。网络空间立法的活动过程是一个极其复杂的系统工程，相应的法律法规的制定也同样是量大面广、极容易随着网络社会的变化而变化的，不可能在立法之初就做到面面俱到、全面开展，应有选择地进行重点拓展，而将电子商务作为网络空间立法的重点恰恰符合当前立法活动的规律。为此，可以率先在相关领域内建立起关于电子商务管理的政策法律体系，再在此基础上带动其他方面政策法律的制定，不断完善网络空间法律立法体系。

5. 要贯彻中央网络立法与地方网络立法相结合的方式

在我国，如果网络空间立法从其狭义层面来讲，仅指全国人大及其常委会行使的立法权。而作为中央立法机构的全国人民代表大会及其常务委员会，对网络立法职权的行使，除了最终的审议、批准之外，主要是对网络空间立法工作的指导，由此就在相当大的程度上加重了受委托的部门立法机构的工作责任。但目前在我国中央立法实践领域中，有一些行政规章是政府部门自己设定程序然后推出进行执行，这不符合现代行政法的控权精神。由此引发的一系列弊端容易导致行政机关制造不正当的程序，妨碍行政相对人行政法权益及时有效的实现。[①] 为此，目前应从我国立法机构的实际情况出发，首先应当注重加强中央网络立法、部门信息立法和地方信息立法的结合问题。网络空间信息化建设是一项社会系统工程，也是各行各业、各地区网络空间立法中的重要组成部分，应当在国家宪法与法律法规规定的范围内进行，不能超越与抵触上位法所规定的范围；同时不但要接受国家现有的传统网络空间法律法规的规制，而且要符合国家将要制定的有关网络政策法规。部门网络立法与地方网络立法作为中央网络立法在地方的重要体现，不仅要在国家宏观领域内进行网络立法规制，而且要以多层次、多形式、多极化的方式吸纳融合国外对我国网络空间发展有益的主流网络信息法律。同时，在此基础上结合本地区的特有情况来制定符合本地区民族、经济、社会、文化发展的网络空间法律。

根据我国国家性质以及现有《宪法》《立法法》及相关的国家机关组织法的

---

① 杨海坤. 中国行政法基础理论[M]. 北京：中国人事出版社，2004：321.

规定,我国实行的是一元化、两级多层次的立法体制。具体在网络空间立法的过程中,首先,全国人大及其常委会是最高的国家立法机关,因此全国人大及其常委会应当承担起网络空间立法应有的周密而统一的规划,以及网络空间立法的宏观立法指导。其次,在一元化的立法体制下,其他机关的立法都应当从属于国家法律。网络空间立法规划的具体实施,应在国家网络信息化主管机构的领导下,组织各部委或者其他机构分工起草有关网络法律法规,在起草的过程中,应及时传递有关信息。国家信息化主管机构应当负责汇总情况、检查督促、组织协调,并将有关信息及时向地方立法机构通报。最后,从立法的多层次立法机构方面来看,不仅全国人大及其常委会、国务院、中央军委等有中央网络空间立法权,而且作为地方的省级人大及其常委会、省级政府等地方国家机关以及设区市的人大及其常委会也拥有相应的立法权。同时应当在中央与地方网络空间立法时注意明确以下几个方面的内容:一是确立网络空间管理的根本性、导向性的原则;二是对网络运营商、用户的权利与义务进行明确的界定与划分;三是对政府部门在网络空间中的职能与地位要界定清楚;四是"有权利必有救济"作为一条亘古不变的法律原理,在网络空间中不能仅仅规定为有关的网络法律权利规则,还应建立起完善的多方法律救济体系。

6. 要遵循网络空间立法与行业专业性、自律性相结合的原则

任何社会中,当然也包括网络空间社会中,在对某种社会新出现的现象进行治理的同时,不能仅仅单纯地依靠法治的手段来对其管控,而应结合这种新事物独有的特征与其发展变化的规律来对其进行规制。具体在网络空间的立法活动过程中,由于网络空间技术自身具有不断更新的显著特点,所以作为滞后的立法活动过程不可能完全涉及所有的网络空间社会问题。为此,在这种情况下对网络空间活动进行管理与控制的其他模式就可以起到有效的补充作用。根据当前网络空间立法中现有的法律规定,可以认为对网络空间立法活动起到这种补充作用的还有技术规范和行业自律两种模式。

7. 要强化网络空间立法、执法、司法和守法活动的融合衔接

在我国,完备的法治活动包括立法、执法、司法与守法活动的过程。随着网络空间立法活动的开展,无法可依的问题将逐步得到解决,但与此同时将面临网络空间执法不严与网络空间司法公正等问题。明朝万历皇帝的首辅张居正在其《请稽核章奏随事考成以修实政疏》中曾言:"天下之事,不难于立法,而难于法之必行。"网络空间的执法与司法如果不能完全按照网络空间立法的相

关内容进行执行与适用，将会出现有法不依的现象，而这种现象的出现将会架空网络空间立法的存在，从而使得网络空间立法等于没有立法。网络空间执法与司法如果不能与网络空间立法同步协调发展，网络空间立法就很难达到网络空间立法的目的，最终以网络法治调整相关网络空间活动中社会关系的目的也就不可能实现。为此，必须加紧对网络空间执法机关与司法机构的专业化队伍以及制度的建设，建设一支高素质的网络执法队伍是现今网络法治建设的首要任务。在法治立法、执法、司法与守法的四个环节中，公民的守法精神的培育尤为重要。网络空间法律法规的生命力正是在于网络空间中公民自觉地遵守与践行各项法律规定。因此，网络空间中公民的守法意识就成了当下必须切实关注的重大问题。

8. 网络空间立法要充分借鉴发达国家的立法成果，同时要彰显中国特色

网络空间立法作为一项系统工程，涉及国家、社会与公民三者之间的利益关系，这一立法的过程不仅需要三方之间相互不断探索、配合与长期的努力，而且更应该继往开来，在以往立法的基础上，通过继承和借鉴传统立法经验教训来开辟新天地。网络空间立法从来就不是一个国家可以独善其身完成的，一个国家健全完善的网络空间立法体系不仅是本国网络空间活动的重要体现，而且更是一个国家网络空间立法活动与国际先进网络空间立法经验接轨的重要体现。网络空间立法是一项具有时代标志的工程。互联网的主要特征之一就是传统的地理概念将会逐步地消失，这一点就充分反映了当今社会已经进入了信息化的社会，"国际游戏规则"最终将会成为网络全球化条件下各国法律规制的主要内容，因此关于网络的法律就必然具有国际化的属性。我国在制定网络空间立法时必须从多方面同时入手，充分学习和借鉴网络发达国家对我国有益的网络空间立法成果，使我国的网络法律法规能够紧跟国际趋同化的发展潮流与趋势。

5.4　本章小结

法国启蒙思想家卢梭认为，"法律既不是铭刻在大理石上，也不是铭刻在铜表上，而是铭刻在公民们的内心里；它形成了国家的真正宪法；它每天都在获得新的力量；当其他的法律衰落或者消亡的时候，它可以复活那些法律或代替那些法律，它可以保持一个民族的创制精神，而且可以不知不觉地以习惯的

力量取代权威的力量"①。法律本身只是众多治理社会手段中的一种,法律也具有自身的缺陷,其并不足以独自承担起治理网络空间的重任,即网络空间本身发展的好坏,以及网络空间主体是否真正按照网络空间立法的规定与立法的法律规则数量的多少之间并不具有唯一的、最直接的联系,真正决定前两者的并不是后者所立的法律本身,而是后者所立的法律的精神实质。

---

① [法]卢梭. 社会契约论[M]. 何兆武译. 北京:商务印书馆,2003:70.

6 网络空间法治秩序的关键:严格执法

　　2021 年 8 月 27 日,中国互联网络信息中心(CNNIC)在北京发布第 48 次《中国互联网络发展状况统计报告》。该《报告》显示,截至 2021 年 6 月,我国网民规模达 10.11 亿人,较 2020 年 12 月增长 2 175 万人,互联网普及率达 71.6％。10 亿用户接入互联网,形成了全球最为庞大、生机勃勃的数字社会。我国农村网民规模为 2.97 亿人,农村地区互联网普及率为 59.2％,较 2020 年 12 月提升了 3.3 个百分点,城乡互联网普及率进一步缩小至 19.1 个百分点。我国工业互联网平台体系基本形成,具有一定行业和区域影响力的工业互联网平台超过 100 家,连接设备数超过了 7 000 万台(套),工业 APP 超过 59 万个,"5G＋工业互联网"在建项目已超过 1 500 个,覆盖 20 余个国民经济重要行业。

　　移动互联网塑造了全新的社会生活形态,"互联网＋"行动计划不断助力企业发展,互联网对整体社会的影响已进入新的阶段。可以看出,中国互联网近年实现了高速的发展,各项指标都有了大幅度的增长,互联网及其相关产业取得了长足的进步。互联网络正在深刻地影响和改变着人们的生活,随之而来的必然是网络空间对传统规制架构的挑战。正如前面篇章所述,网络空间的技术性特征必然会对传统的国家立法权形成冲击,网络的无国界性不仅影响国家法的适用,而且也逐渐使得处在虚拟世界里的社会主体个人意识膨胀,法律责任感淡化。而与此同时,政府对网络空间的分散式管理模式对宪法基础关系产生了影响,其全球性特征使得全球法的地位加强,而无纸化与即时性特征也对私法产生了革命性的影响。在这样一种大背景下,作为网络规制框架下网络空间最为重要的监管者——政府部门管控职能的重要作用将显得愈来愈关键。

6.1 我国执法概念的法语义辨析

本章着重研究的是我国网络空间的执法模式。本章具体研究思路为在全面、系统阐释我国现有的网络空间执法模式之前，先从法理学视角对我国执法权概念进行法的语义辨析，之后顺着执法权理论延伸出的内涵方向再层层推进界定我国网络空间执法模式的实质内涵，最后在此基础上进一步介绍我国现有的网络空间具体执法模式的具体实践。

执法，作为国家行政机关的专门职能，其是对公民与社会进行管理的一种有效手段，不仅体现在具体现实生活中，而且随着网络科技的发展，其执法的范围也逐渐延伸至虚拟的网络空间范围中。在对网络空间执法模式进行具体阐释前，先从执法概念的基本语义出发，将有助于我们清晰地认识我国网络空间执法体系的框架。

目前在行政法学理论界，对"执法"一词的解释不尽一致。这种不一致主要体现在从权力行使主体上对"执法"一词所形成的广义与狭义之分。从语义概念上来说，认为广义的执法指的是所有国家行政机关、司法机关及其公职人员依法定职权和程序实施的法律活动。而狭义的执法仅专指国家行政机关及其公职人员依照国家宪法与法律规定所赋予的行政权力对社会、公民个人以及组织机构所实施的监督管理职责，是静态法律通过具体动态的形式实施到现实中的过程。人们常把行政机关称之为执法机关，指的就是这里的狭义概念上的执法。

从实质内涵来说，广义上的执法一般是相对于立法与司法而言的，是权力分工的具体体现。它指的是国家行政机关对法律的执行与实施，涵盖了整个行政行为。对此，许崇德与皮纯协教授在其主编的《新中国行政法学研究综述》一书中就给出了行政执法广义上的归纳与总结。他们认为："行政执法是就国家行政机关执行宪法和法律的总体而言的。因此，它包括全部的执行宪法和法律的行为，既包括中央政府的所有活动，也包括地方政府的所有活动，其中有行政决策行为、行政立法行为以及执行法律和实施国家行政管理的行政执法行为。"①罗豪才与应松年教授在其早年主编的《行政法学》一书中也提出了行政执法广义上的概念。他们认为："行政执法是行政机关执行法律的行

---

① 许崇德,皮纯协. 新中国行政法学研究综述[M]. 北京:法律出版社,1991:293.

为,是主管行政机关依法采取的具体的直接影响相对一方权利义务的行为;或者对个人、组织的权利义务的行使和履行情况进行监督检查的行为。"①

而狭义的行政执法是一种行政机关实施的、独立于立法与司法的行政处理行为,甚至在最为狭义的范围内仅指行政监督检查和行政处罚行为,而不包括行政审批、许可、征收以及给付等其他行政行为。例如,杨惠基教授在其著作《行政执法概论》中对"行政执法"概念的界定就是从狭义层面展开论述的:"行政执法是指行政机关及其行政执法人员为了实现国家行政管理的目的,依照法定职权和法定程序,执行法律法规和规章,直接对特定的行政相对人和特定的行政事物所采取措施并影响其权利义务的行为。"②又如,2005年,国务院发布的《关于推行行政执法责任制的若干意见》中直接明确指出,行政执法是行政机关大量的经常性活动,直接面向社会和公众,行政执法水平和质量的高低直接决定政府的形象,推行行政执法责任制首先要梳理清楚行政机关所执行的有关法律法规和规章以及国务院部门"三定"的规定。

有鉴于学界对行政执法所持的不同观点,姜明安教授根据行政机关在行政事务中的具体操作以及在司法实践中的具体应用,在其所著的《行政执法研究》一书中,对"行政执法"做了较为全面的概述,并在此基础上给出了新的释义。

其一,为说明现代行政的性质和功能而使用"行政执法"。此种场合下的"行政执法"旨在强调:① 行政是执法,是执行法律,而不是创制法律,因此,行政从属于法律;② 行政是执法,是依法办事,而不是和不能唯长官意志是从;③ 行政是执法,是基于法定职权和法定职责对社会进行管理,依法做出影响行政相对人权利义务的行为,而不能对相对人任意发号施令,对相对人实施没有法律根据的行为,在这种场合,在这个意义上,"行政执法"即等于"行政"。

其二,为区别行政的不同内容而使用"行政执法"。在行政法学研究中,许多学者习惯于将行政的内容一分为二或者一分为三。一分为二即将行政的内容分为两类,一类是制度规范行为(行政机关制定规范的行为在性质上不同于立法机关的立法行为,在实质上仍属于行政而不属于立法);另一类为直接实施法律和行政规范的行为。前者谓之"行政立法",后者谓之"行政执法"。一分为三即将行政的内容分为三类,一类仍为制定规范行为。另外两类即将前述"行政执法"行为再一分为二,一类为直接处理涉及行政相对人权利义务

---

① 罗豪才,应松年. 行政法学[M]. 北京:中国政法大学出版社,1992:133.
② 杨惠基. 行政执法概论[M]. 上海:上海大学出版社,1998:1-3.

的各种事务的行为;另一类为裁决行政相对人与行政主体之间或者行政相对人相互之间的与行政管理有关的纠纷行为。在这两类行为中,前者谓之"行政执法",后者谓之"行政司法"。在这种场合,在这个意义上,"行政执法"只是行政行为的一类。

其三,作为行政行为的一种特定方式而使用"行政执法"。行政行为有各种各样的方式,如许可、审批、征收、给付、确认、裁决、检查、奖励、处罚、强制等。在行政实务界,人们一般习惯于将监督检查、实施行政处罚和采取行政强制措施等这类行为方式称为"行政执法"。根据各级政府规范性文件的规定和实践中的做法,归入"行政执法"的行政行为方式大致包括检查、巡查、查验、勘验、给予行政处罚、实施强制、查封、扣押及采取其他行政强制执行措施等。可见,在这种意义上,"行政执法"只是行政主体采取特定方式实施的部分行政行为,其范围不仅小于第一种场合使用的行政执法,而且小于第二种场合使用的行政执法。①

综上,行政执法应指行政机关层面的广义范围内的执法含义。其具体包含三个阶层,其一,为最广义上的执法行为,即将执法等同于法的实施,将司法机关适用法律的属性也归为执法内涵。但是基于当前我国法律法规的规定及司法实践操作中的经验,网络空间执法权在这个层面上的含义很难付诸实行,故以下论述中将不再涉及此含义的网络空间执法。其二,为次广义上的执法,即这里限定为将执法仅仅作为法实施中的一个环节部门——行政机关及其法律授权或者委托单位才可以执法。其三,为最狭义层面的执法,即只有行政机关在日常管理活动中执行法律的行为才属于这里的执法行为,如当行政机关做出的行政许可行为、行政强制行为以及行政处罚行为等。

6.2 我国现有网络空间的执法模式

6.2.1 我国网络空间执法概念的基本理论

根据前述对执法概念的语义辨析与实质分析,我们可以对"执法"一词的概念做出以下的概括:执法权,即指的是宪法所规定的行政机关、法律授权机

---

① 姜明安. 行政执法研究[M]. 北京:北京大学出版社,2004:8-10.

关或者委托的组织及其公职人员在进行行政管理活动的过程中，依照法定职责与程序，将法律实施并适用于具体社会活动主体对象中的一种行使权力的行为。当前的网络科学技术固然发达，但同时也因此衍生出一系列新型的违法行为与犯罪行为，如软件盗版、计算机系统破坏行为、电子入侵、个人账号信息泄露以及支付结账问题等。当前的网络犯罪呈现出传统犯罪网络化、网络犯罪国际化的特点，其隐蔽性极强、调查取证难度大、控制难度大，为此很多国家都通过修订《刑法》以适应新的形势，但网络犯罪执法难的问题日益凸显。[①]而在"执法"的此种概念下去分析当前我国的网络空间执法模式以及出现的问题，首先需要在前述概念的基础上去着重分析我国当前网络空间执法的基本理论构成，进而循序渐进，最终才会对我国的网络空间立法模式有一个清晰、系统、全面的认识。

1. 我国网络空间执法的概念

结合上述行政执法的含义与法律法规对行政机关在网络空间中的职权限定，我们可以概括出网络空间执法的概念。它是指国家行政机关、法律法规授权机关或者受委托组织及其公职人员为保障公民合法权益、社会公众利益以及国家利益，为履行计算机网络信息系统安全保护工作职责，以及为查处网络空间范围内违法犯罪而依法采取各种权威性措施手段的权力。此处的计算机网络信息系统主要指的是"具备自动处理数据功能的系统包括计算机、网络设备、通讯自动化控制设备等"[②]。

2. 我国网络行政执法的特点

（1）执法时代性。信息网络技术不仅给人类的生活、工作、学习带来了无限的发展空间，而且提供了诸多的机遇并创造了巨大的财富。我国传统行政机关在此影响下，也开始逐渐变革传统的行政执法方式。任何一个组织机构要想真正最终发挥应有的作用，必须适应当时的社会、历史以及文化环境。行政机关的执法权同样如此。当下的网络信息化给社会带来的最大影响便是通过虚拟化的网络形式缩短了在现实中的提供者与接受者的距离。而在网络空间执法方式的转变下，缩短的将是监管者与提供者、接受者之间的距离，从而使得行政机关主体处于一种开放状态，这种形式正体现了当前信息化时代发

---

① 张化冰. 网络空间的规制与平衡——一种比较研究的视角［M］. 北京：中国社会科学出版社，2013：298.

② 参见：最高人民法院、最高人民检察院《关于办理危害计算机信息系统安全刑事案件应用法律若干问题的解释》第十一条。

展的要求。

（2）执法虚拟化。"网络行政执法从某种意义上讲针对的对象是虚拟的。网络执法以电子信息技术为媒介手段扩大了行政机关的活动空间与活动范围，使政府活动从单一实体环境扩展到另外的虚拟环境，从而增加了政府的空间和资源，使政府行政输出从原来直接的实体输出增加为实体输出和虚拟输出两个通道。各种现实社会主体与网络主体均可以通过网络平台实现自己的各种需求，公众百姓可以通过政府网络平台与行政机关打交道，而行政机关也是通过网络技术手段来实现监管的职责和行使权力，并通过网络收集、分析反映社会状况以及公众和企业的要求、意见等数据资料，为其最终做出决定提供现实依据。"①

（3）执法电子化。之前需要行政执法人员必须直接与公民、经营人员现场进行面对面的行政执法调查取证，但现在在网络空间执法新模式下可以转化为以电子设备为中介，由行政执法机关向相关的个人以及组织机构发出调查请求或者要求，或者在法定要求范围内无须经过被调查方的同意而直接进行秘密网上调查执法，呈现出无纸化的特点。同时，行政执法机关可以采用计算机网络技术手段，使行政机关文件的生成、存储、改善、发送与接受均可以在网络空间范围内实现，不仅有助于减少公文书写上的差错，而且将进一步提高行政执法机关的工作效率。

（4）执法超时空性。执法机关在网络上开展执法活动，更多的执法行为在网络平台上展开，是一种智慧执法模式，不仅能提高行政执法的工作效率，增强行政执法的效能，而且能使网络空间执法在一定程度上突破实际地域之间的限制，从而使政府为维护公民、组织机构的合法权益而变得更为便利。

3. 我国网络空间执法的权力结构分析

（1）行使网络空间执法权的主体是国家行政机关、法律授权机关或者委托的组织以及公职人员。根据我国《宪法》第八十九条第六项、第七项以及第一百零七条的规定，网络空间执法主体中的国家行政机关指的是中央人民政府，其具有对全国经济、教育、科学、文化、卫生、体育的领导权与管理职权，以及地方乡以上人民政府对本行政区域内的上述事项具有行政管理职权。例如，2015年2月5日，由公安部、国家互联网信息办公室、工业和信息化部、环境保护部、国家工商行政管理总局与国家安全生产监督管理总局六部门发布

---

① 杨勇萍，李祎. 行政执法模式的创新与思考——以网络行政为视角［G］. 2010行政法年会，2010 - 07 - 19.

的《互联网危险物品信息发布管理规定》中明确规定，由上述国务院六部门统一负责实施关于网络空间危险物品信息的监督管理执法工作，并具体由地方各省公安厅、网信办、工业和信息化局、工商行政管理局、环境保护局与安全生产监督管理局六部门来负责相关的地方网络空间危险物品信息的监督执法管理事宜。其中由于网络空间中复杂的社会环境以及不断更新的技术手段，公安部门对其中可能涉及的行政违法行为与犯罪活动具有极强的社会管理职责，并承担着较多的社会管理执法职能。

例如，国务院在 2002 年 9 月 29 日公布的《互联网上网服务营业场所管理条例》中明确规定，"公安机关负责对互联网上网服务营业场所经营单位的信息网络安全、治安及消防安全的监督管理"；又如，国务院在 2014 年 8 月 26 日颁发的《国务院关于授权国家互联网信息办公室负责互联网信息内容管理工作的通知》中明确规定，"为促进互联网信息服务健康有序发展，保护公民、法人和其他组织的合法权益，维护国家安全和公共利益，授权重新组建的国家互联网信息办公室负责全国互联网信息内容管理工作，并负责监督管理执法"。可以看出，这里的国家与地方各级网络信息办公室指的是网络空间执法主体中的法律法规授权机关，其国家网络信息办公室在网络管理工作中起的是协调网络信息管理与制定引导网络信息的正确发展方向等宏观管理作用，具体负责事项为全国性的网络信息内容的监督管理执法工作。

在对网络空间安全执法管控的国家制度设计层面，除了有国家网络信息化办公室之外，还设有国务院信息产业部与国家信息化领导小组来对全国范围内的网络空间安全进行监管执法；而对于网络空间中受委托执法主体，主要表现为各级地方政府部门中受委托的各种组织。例如，2011 年 2 月 17 日，在文化部发布的《互联网文化管理暂行规定》中就规定，对于未经批准就擅自从事经营性互联网文化活动的行为，将由县级以上人民政府文化行政部门或者文化市场综合执法机构依据《无照经营查处取缔办法》的规定依法予以查处。这里的文化市场综合执法机构即受文化行政部门委托的网络空间执法主体。

（2）网络空间执法权的客体是我国网络空间范围内的自然人与单位。自然人与单位不仅指提供网络经营者的个人和单位，而且包括网络空间的网络信息的使用者。例如，《互联网上网服务营业场所管理条例》第十八条中明确规定，禁止"互联网上网服务营业场所经营单位和上网消费者利用网络游戏或者其他方式进行赌博或者变相赌博活动"；而且对于上网服务营业场所经营单位具体组织形式，在本法第八条中也给予了明确规定，"设立互联网上网服务营业场所经营单位，应当采用企业的组织形式"。

（3）根据《国务院关于授权国家互联网信息办公室负责互联网信息内容管理工作的通知》的规定，"为促进互联网信息服务健康有序发展，保护公民、法人和其他组织的合法权益，维护国家安全和公共利益"，网络空间执法所保护的利益对象为公民、法人和其他组织的合法权益，以及国家安全和社会公共利益。

（4）网络空间执法的内容即所针对的对象，根据实施违法活动时场所的不同，其既可以是网络空间范围内现实中有违反法律法规规定的行为，也可以针对在网络空间范围内虚拟存在的违反国家相关法律法规规定的行为。前者如，《互联网上网服务营业场所管理条例》中第三十一条第五项的规定，对于互联网上网营业场所单位有"变更名称、住所、法定代表人或者主要负责人、注册资本、网络地址或者终止经营活动，未向文化行政部门、公安机关办理有关手续或者备案的"等相关行为的，可"由文化行政部门、公安机关依据各自职权给予警告，可以并处 15 000 元以下的罚款；情节严重的，责令停业整顿，直至由文化行政部门吊销《网络文化经营许可证》"；后者如，针对《互联网上网服务营业场所管理条例》中第二十九条中的规定，"互联网上网服务营业场所经营单位违反本条例的规定，利用营业场所制作、下载、复制、查阅、发布、传播或者以其他方式使用含有本条例第十四条规定禁止含有的内容的信息"等网络虚拟空间范围内的行为，对于"触犯刑律的，依法追究刑事责任；尚不够刑事处罚的，由公安机关给予警告，没收违法所得"。

另外，根据实施违法活动行为时所侵犯的不同领域范围内的不同合法权益，网络空间执法具体针对的对象又可以分为网络空间范围内网络经营者扰乱网络信息管理秩序损害信息安全的行为、损害消费者权益的行为、损害他人知识产权利益的行为，以及侵害他人名誉但又不构成违法犯罪的行为等。

6.2.2 我国网络空间执法模式的具体阐释

1. 我国现有的网络空间执法模式

网络空间领域作为现实社会在虚拟空间里的自然延伸与映射出的一部分场所，其网络空间执法模式问题的核心思想在于网络空间的治理问题。其强调的是处于网络空间范围内的政府部门与自然人、社会组织、企事业单位以及社区等多元主体之间的权力与权利之间相互利益的博弈，体现的是网络空间执法主体依法通过多元化手段对网络空间进行的规范和管理，并最终实现公共利益最大化的过程。其主要特征表现为：治理主体趋向多元化，任何一个单一主体都不应该垄断规范和管理的实践过程；鼓励参与者自主表达、协商对话，形成符合网络空间整体利益的公共政策；从既往以政府行政为主的单一刚性管理模式，逐渐形成以市场、法律、文化、习俗等多种方法和技术组合而成的综合治理模式。

具体说来，我国的网络空间执法模式应在具体实践中坚持以下原则：

（1）坚持执法公开的原则。以"透明""共治"和"责任"为核心构建多元化合作的网络空间执法治理模式，不仅包括增强网络空间执法主体行使职权的透明度和开放度，明确网络空间诸多利益主体的权利、义务与责任，而且包括设计科学、合理的平台责任制度，发挥各类平台的专业和技术优势等。

（2）坚持保障权益的执法原则。要明确"发展""开放"和"安全"三者之间的关系，厘清安全与非安全之间的边界，要着重检查新技术新应用对公民基本权利是否具有促进与保障作用，即新产生的网络技术手段、技术内容是否具有损害网络空间主体中自然人与单位利益的可能性。

（3）坚持执法监督的预见性原则。以"安全可控性"为目标，加强网络空间范围内基础设施的安全性建设和法律的保护，以提前预防网络空间范围内发生损害他人权益的行为与活动。这些网络空间内预防性执法的具体措施包括推进具有自主知识产权的国家信息安全技术和产品的扶持政策，完善政府的采购制度，对关系到国家安全和公共安全利益的系统所使用的重要信息技术产品和服务实施较为全面的信息安全审查制度。

（4）坚持跨地区、跨部门联动执法的原则。严格执行《中华人民共和国数据安全法》，强化数据安全保障制度，明确规范数据的收集、利用和跨境流动，依托可信任的数据安全保障机制，加强执法部门的定期核查。

具体而言，依据我国不同部门之间不同的监督执法职责以及违法行为自身性质与危害程度的不同，我国网络空间执法的方式可以划分为五大模式。

（1）事前审批模式。在网络空间范围内，由于一些行业领域可能会与自然人、单位的切身利益具有紧密关系，如果不对其进行严格的事前审批，不仅将扰乱网络空间秩序，而且将损害相关人员与社会的公共利益，为此要对这些领域进行事前审批的执法模式。这些领域常见的有：有关网络空间上网服务营业场所经营单位的设立阶段，以及涉及从事新闻、出版、教育、医疗保健、药品和医疗器械等互联网信息服务行业。例如，2003年10月，为了有效、严格地维护市场上新出现的网络上网经营场所的秩序，文化部曾出台"连锁网吧"计划，即鼓励连锁网吧经营，禁止单体网吧审批，并计划到2005年，中国所有的 11 万家网吧必须统一安装监控软件。

(2)紧控网站模式。这种模式主要适用的领域主要体现在新闻网站的监管上。在很大程度上,网络是由国家或者其他政府所控制的机构来进行监管的,政府试图将它所主办的媒体机构提升为"国家级的网站",这些机构包括《人民日报》、中国新闻社(中新社)、中国国际广播电台、《中国日报》和中国互联网新闻中心。政府意识到,首先,这种做法可以形成多层次的网站网络,如国家级网络、地方网络和外国大使馆网络等;其次,政府可以关闭一些非法网站和政治导向不正确的网站。

(3)评估检测模式。为了规范网络空间自由、公平的竞争秩序以及规范网络空间秩序的管理,国家除了依照法定职权主动进行监管执法外,还允许处于网络空间市场范围内的网络服务提供者相互间进行监督,并最终由有关部门对其汇报的违法行为进行审查、测评与检查。最终行使此类网络空间违法行为评估检查权的主体一般为工业和信息化部以及相应的各省、市、自治区通信管理局(及"电信管理机构"),而所针对的网络信息服务者违法行为,依据工业和信息化部于 2011 年 12 月 29 日公布的《规范互联网信息服务市场秩序若干规定》中第五条的规定,一般包含以下内容:① 恶意干扰或者禁止用户终端上其他网络服务提供者的服务或者其他提供者所提供的软件,或者对其他互联网信息服务提供者的服务或者产品实施不兼容的行为;② 故意通过捏造、散布虚假事实以及诋毁等手段来损害其他互联网信息服务提供者的合法权益的行为;③ 通过欺骗、误导或强迫用户使用或不使用其他网络信息服务提供者的服务或者产品的行为;④ 恶意修改其他网络信息服务提供者服务或者产品参数的行为。

评估过程中,如果电信管理机构发现影响特别重大的,相关省、自治区、直辖市通信管理局应当向工业和信息化部报告。电信管理机构在依据上述规定做出处理决定前,可以要求互联网信息服务提供者暂停有关行为,互联网信息服务提供者应当执行。

(4)预警模式。这类模式之所以称之为"预警"主要考虑到其针对的行为对象一般为在程序上出现瑕疵性问题或者其违法行为本身危害程度不大的行为。这种"预警"模式常见的表现形式主要有通知立即停止、通知说明理由、通知责令限期改正以及给予警告的处罚行为。例如,2011 年 2 月 17 日,文化部在其公布的《互联网文化管理暂行规定》中就规定,对于非经营性互联网文化单位,如果未在规定期间内向所在地的省、自治区、直辖市的文化性质部门进行备案和提交相关资质文件,将由县级以上文化行政部门或者文化市场综合执法机构来责令其限期改正。

（5）停—没—罚—吊模式。作为五类执法模式中最为严厉的模式，此类模式主要针对的是网络空间范围内违法性较强、危害性较大的行为。由于此类行为已经实际处于网络空间范围并处于危害性运行状态，单纯地适用上述几类执法模式已经很难再与其行为的危害性相适应，故应该在前述"预警"执法模式上对其违法行为更进一步地增加打击力度。此类行为主要涵盖四种行为，即责令停止危害模式（这里的责令停止根据违法行为的危害程度须区别于上述责令停止行为）、没收模式（通常此类执法模式会与责令停止危害模式相结合适用）、罚款模式以及吊销模式（包含取缔执法模式）。例如，2013 年 7 月 16 日，工业和信息化部在其公布的《电信和互联网用户个人信息保护规定》中就规定，对于电信业务经营者、互联网信息服务提供者，如果未按照规定制定用户个人信息收集、适用规则，或未公布有效的投诉处理机制，电信管理机构此时将有权依据职权责令其限期改正，并予以警告同时还可以并处 10 000 元以下的罚款；再如，2011 年 2 月 17 日，文化部在其发布的《互联网文化管理暂行规定》中就规定，对于未经批准就擅自从事经营性互联网文化活动的行为，将由县级以上人民政府文化行政部门或者文化市场综合执法机构依据《无照经营查处取缔办法》的规定依法予以查处。

2. 我国网络空间执法模式出现的必然性

网络空间行政执法模式作为一种新型治理方式，使得各种社会力量监督汇聚到了网络空间范围内，创新了人民政府监管形式，形成了网络监管的多元监管主体。行政执法方式的转变和手段的多样化作为现代公共行政发展的必然结果，网络行政新型执法模式的出现不仅是信息技术发展与行政改革相结合的产物，而且是各国建立高效政府的必然选择，其出现有着社会历史必然性。

（1）是社会历史转型期公民利益诉求扩大表达需要的必然要求。面对庞大的网络用户群体，移动互联网塑造了全新的社会生活形态，"互联网＋"行动计划不断助力企业发展，互联网对于整体社会的影响已进入了全新的阶段。我国数量庞大的网民在网上发表意见并不断地交换信息，把一些在生活中提出的迫切需要解决的问题，及时不断地提出来，以引起社会和有关部门的注意，使得问题最终得以迅速有效的解决，网络媒介的大面积普及，为公众的政治表达和政治参与提供了广阔的空间。网络行政执法新模式正是迎合了公众的这一诉求，在这一新模式下，公众可以足不出户就能将自己的想法和意见传递给有关执法部门。

（2）是我国行政主体执法理念不断转变与更新的必然要求。"理念是所有制度唯一的基础。"①确立正确的行政执法理念不仅将对行政执法实践起到不可忽视的指导作用，而且将有助于我国行政执法者素质的提高。而网络行政执法模式的转变正是适应了这一行政执法理念的需求，不仅为执法主体自身节约了时间与金钱的成本，还将更好地服务于公众。

（3）是行政执法方式由集权向民主、由封闭向公开转变的必然要求。民主要求社会公众享有广泛和平等的参与机会，民主行政要求公众的需要是行政体系运转的轴心，即公众的权利或利益应高于行政机关自身的利益扩展和利益满足。② 网络空间执法方式将不再像之前那种由封闭的执法主体内部做决定的方式，在网络空间这一公开、开放的空间内执法，将在更公开、透明的网络环境下来最终完成执法决定的过程，而这一过程中将会有更多的民众通过表达其诉求的形式参与进来，极大地提高了执法决策的民主性。

（4）是行政执法方式由双边转向多边的必然要求。行政执法方式在网络执法领域由双边逐渐转向为多边，是执法主体与行政相对人以及行政相关人的革新。这一转变在赋予行政相关人更多的程序性权利的基础上，将更有利于保护行政相关人的合法利益，并促进行政法律关系的稳定。

6.3　我国网络空间执法模式的改革与前瞻

6.3.1　我国网络空间执法模式的现状

经过多年的实践与努力，依据现有的网络执法模式，我国网络执法取得了显著的成效。

1. 作为执法依据的法律法规逐步实现体系化

众所周知，网络空间执法环境的净化与行为的规范，离不开网络空间法律法规对其进行的约束。我国的网络空间发展技术自从进入 20 世纪初以来，已颁布了大量的有关网络空间的法律、行政法规、司法解释等法律文件，形成了

---

① 姜明安. 行政执法研究[M]. 北京:北京大学出版社,2004:271.

② 杨桦,廖原. 论电子政务与行政法治. 武汉:湖北人民出版社,2008:64.

较为全面的规制网络空间发展的法律法规体系。其内容不仅覆盖了网络信息服务与管理、网络著作权保护、电子商务与个人信息保护，而且涉及了网络侵权预防和惩治网络犯罪等诸多领域。法律法规的覆盖面在逐渐扩大的同时，还针对一些较为重要且涉及民众切身利益的条款予以了进一步的详尽阐释，特别是一些最新司法解释的出台，为依法对网络空间活动进行执法监督管理提供了现实可能性与可操作性。例如，2014 年 10 月 9 日，最高人民法院在其出台的《关于审理利用信息网络侵害人身权益民事纠纷案件适用法律若干问题的规定》中就第一次比较明确地对公民个人信息保护的范围与具体内容进行了有效界定，同时为今后执法监管部门如何对网络水军进行有效规制提供了努力的方向，并且对网络空间中频繁发生的利用自媒体等转载网络信息行为所产生的侵权纠纷的过错认定予以了清晰且明确的定位。随着《民法典》的出台与实施，中国个人信息保护法律体系持续完善，2021 年《个人信息保护法》的制定，为个人信息保护法律制度的具体落实提供了有力的支撑与指引。

2. 多重社会主体共同执法治理并且取得了初步的阶段性治理成效

在法治社会中，原理与规则具有至高无上的效力，处于社会中的任何个人、组织以及政党不得逾越。同样，对网络空间范围的各种活动进行执法管理也需要一种适宜的有效规则，为此，2006 年 5 月，中共中央办公厅、国务院办公厅印发了《2006—2020 年国家信息化战略》，其中便提出了网络空间范围内执法治理的一个基本思路，即"坚持法律、经济、技术手段与必要的行政手段相结合，构建政府、企业、行业协会和公民相互配合、相互协作、权利义务对等的治理机制，营造积极健康的互联网发展环境"。也就是说，我国网络空间范围内执法治理活动的开展采用的是多种工具和手段，结合相关部门的集体力量，而不是单纯地依靠行政工具手段来治理网络空间范围内出现的问题。自 2014 年以来，经过政府部门、网站以及网民多方的共同努力治理互联网乱象，也取得了显著的成绩。仅以 2020 年为例，相关部门通过对侵犯个人信息权益、网络安全等不法行为进行监督检查，开展一系列的专项治理行动，有效地保障了公民的合法权益，更好地维护了网络秩序。其具体表现为以下几个方面：

一是聚焦网络数据治理。① 加强信息保护。2020 年 2 月，中央网信办发布了《关于做好个人信息保护利用大数据支撑联防联控工作的通知》，明确要求各地方、各部门高度重视个人信息保护工作。② 加强数据安全治理。2019 年 11 月 29 日，国家互联网信息办公室、工业和信息化部、公安部、市场监管总局联合制定了《APP违法违规收集使用个人信息行为认定方法》,为监督管理部门认定 APP 违法违规收集使用个人信息行为提供了依据。③ 划定数据权利边界。2020 年,北京互联网法院、杭州互联网法院分别审理了"腾讯公司侵害黄某个人信息权益案""腾讯计算机系统有限公司等诉被告浙江某网络公司等不正当竞争案"。通过对前一个案件的裁判,认定腾讯公司侵害了原告黄某个人信息权益;后一个案件的判决明确了网络平台对其所控制的用户信息享有不同性质的数据权益,同时厘清了网络平台不同数据权益间的权利边界。

二是严惩网络犯罪。① 惩治网络金融违法犯罪行为。网络金融违法犯罪行为的方式主要表现为非法放贷、非法支付、诈骗等。2020 年,公安部门部署开展"云剑 2020"打击贷款类电信网络诈骗犯罪集群战役,取得了辉煌战绩。② 惩治破坏网络市场秩序的违法犯罪行为。破坏网络市场秩序的违法行为类型主要表现为侵犯知识产权、发布虚假广告等。2020 年 3 月 9 日,国家市场监督管理总局、中共中央宣传部、中央网络安全和信息化委员会办公室、工业和信息化部、公安部、国家卫生健康委员会、中国人民银行、国家广播电视总局、中国银行保险监督管理委员会、国家中医药管理局、国家药品监督管理局(已变更) 等十一部门联合发布了《整治虚假违法广告部际联席会议 2020年工作要点》和《整治虚假违法广告部际联席会议工作制度》,加强广告市场的协同监管,严厉打击虚假违法广告,维护良好的广告市场秩序。

三是加大网络内容的治理的力度。① 对网络直播平台违规行为的整治。自 2020 年 6 月起,国家网信办等部门启动了为期半年的网络直播行业专项整治行动。"此次集中行动不仅要坚决有效遏制行业乱象,也要科学规范行业规则,促进网络生态持续向好。针对违法违规网络直播平台开展专项整治,遏制行业乱象,督促企业落实主体责任,最终目的是为了促进行业健康有序发展。国家网信办、全国'扫黄打非'办将会同有关部门,坚持标本兼治、管建并举,在进行专项整治的同时,科学制定推动网络直播行业高质量发展的管理规则和政策导向,探索实施网络直播分级分类规范,以及网络直播打赏、网络直播带货管理规则,形成激励正能量内容供给的网络主播评价体系,严厉打击违法违规直播行为,严肃追究相关直播平台责任,进一步营造积极健康、营养丰富、正能量充沛的网络直播空间。"①② 针对商业网站平台和"自媒体"传播乱象进行专项整治。针对社会反映强烈的商业网站平台和"自媒体"扰乱网络传播秩序等突出问题,国家网信办自 2020 年 7 月 24 日起在全国范围内开展集中整治。

---

① https://baijiahao.baidu.com/s? id=1668652767278677366&wfr=spider&for=pc.

此次集中整治将重点聚焦于六大任务："一是集中整治商业网站平台、手机浏览器、'自媒体'违规采编发布互联网新闻信息、转载非合规稿源问题；二是规范移动应用商店境内新闻类 APP 审核管理；三是建立健全社交平台社区规则，加强社交平台运营管理；四是规范商业网站平台热点榜单运营管理；五是加强网络名人参与论坛、讲坛、讲座、年会、报告会、研讨会等网络活动管理，规范相关活动网上直播；六是优化改进移动新闻客户端和公众账号正能量传播。通过对这六个方面的集中整治，重点解决一些商业网站平台和'自媒体'片面追逐商业利益，为吸引'眼球'炒作热点话题、违规采编发布互联网新闻信息、散播虚假信息、搞'标题党'等网络传播乱象，促进网络传播秩序有明显好转。"①

3. 执法部门的层级与协调性均不断得到了提高

当前，我国政府参与网络空间执法治理的部门有 10 多个，其中属于国务院管理的主要部门有工信部、文旅部、公安部、新闻出版广电总局等，在 2014 年，党中央还专门成立了中央网络安全和信息化建设领导小组，统一领导协调各部门职能。

这些机构一方面分工负责、齐抓共管，为我国网络空间内容建设和执法管理提供了组织上的保障。例如，按照全国"扫黄打非"工作小组部署，中央宣传部、中央网信办、工业和信息化部、公安部、文化和旅游部、国家广播电视总局自 2021 年 6 月起共同开展的"净网"集中行动，目前取得了阶段性成效。六部门集中力量、细化部署、协同作战，着重整治网上历史虚无主义、涉黄涉非、涉低俗等有害信息，深度清理有悖社会主义核心价值观的网络内容。据不完全统计，6 月至 8 月月底，执法监管部门共查办涉网络行政和刑事案件 822 起，处置低俗有害信息 40 余万条，取缔关闭网站 4 800 余个；督促网站平台清理低俗有害信息 2 000 余万条，处置违法违规账号 800 余万个。集中行动中，网信部门加强网络生态治理，深入开展整治网上历史虚无主义、整治未成年人网络环境、整治网上文娱及热点排行乱象等"清朗"系列专项行动，进一步出台 10 项举措整治"饭圈"乱象，累计清理有害信息 15 万余条，处置违规账号 4 000 余个，关闭问题群组 1 300 余个。

新闻出版部门针对未成年人沉迷网络游戏问题，印发了《关于进一步严格管理 切实防止未成年人沉迷网络游戏的通知》，坚持从严从紧，聚焦关键环节，提出四方面硬举措。工信部门组织对多种类型应用软件及平台开展专项

① https://baijiahao.baidu.com/s? id=1673401270486633438&wfr=spider&for=pc.

检查，已集中通报 6 批侵害用户权益行为的 APP，下架处理逾期未整改的 APP 超 250 款；进一步启动开展互联网行业专项整治行动，聚焦扰乱市场秩序、侵害用户权益、威胁数据安全、违反资源和资质管理规定等四个方面的八类问题，推动行业规范健康有序发展。公安部门充分发挥打击网络违法犯罪的主力军作用，深入核查重点线索，成功侦破了一批典型刑事案件，并有效提升打击效果，形成强大震慑。文化执法部门加强网络文化市场监督管理和执法检查，加大打击网络动漫、音视频领域违法违规行为力度，专项清理"SCP 基金会""卡通猫"等涉儿童"邪典"视频。广电监管部门对重点网络视听平台开展内容安全检查，及时处置有害节目和不良内容。①

另一方面也探索建立了法律规范、行业监管、行业自律以及技术保障相结合的管理体系。国家广电总局负责对信息网络和公共载体传播的视听节目进行监管，审查其内容和质量，承担节目应急处置工作。指导网络视听节目监管体系建设，组织查处非法开展网络视听节目服务行为；拟定广播电视重大改革措施，推进体制机制改革；协调推进"三网"融合，推进广播电视与新媒体、新技术、新业态创新融合发展；管理发放信息网络传播视听节目许可证，承担广播电视视频点播业务的审批工作。②文化旅游部内设文化市场综合执法监督局、网络市场监管处，负责文艺类产品网上传播的前置审批工作，负责对网吧等上网服务营业场所实行经营许可证管理，对网络游戏服务进行监管。③ 工业和信息化部承担电信网、互联网网络与信息安全技术平台的建设和使用管理；承担电信和互联网行业网络安全审查相关工作，组织推动电信网、互联网安全自主可控工作；承担建立电信网、互联网新技术、新业务安全评估制度并组织实施；指导督促电信企业和互联网企业落实网络与信息安全管理责任，组织开展网络环境和信息治理，配合处理网上有害信息，配合打击网络犯罪和防范网络失窃密；拟定电信网、互联网网络安全防护政策并组织实施；承担电信网、互联网网络与信息安全监测预警、威胁治理、信息通报和应急管理与处置；承担电信网、互联网网络数据和用户信息安全保护管理工作等。④

同时，在国家大政方针政策方面，党中央、国务院对网络空间执法工作的各部门之间能够协调性地开展工作给予了足够的重视。如 2013 年 11 月，国家主席习近平同志在党的十八届三中全会上以及在《中共中央关于全面深化

---

① http://www.nppa.gov.cn/nppa/contents/719/98916.shtml.

② http://www.nrta.gov.cn/col/col2013/index.html.

③ https://www.mct.gov.cn/gywhb/zyzy/201705/t20170502_493564.htm.

④ https://www.miit.gov.cn/jgsj/waj/jgzz/art/2020/art_4646354791574be7b6971ba29254e910.html.

改革若干重大问题的决定》中均明确指出："要坚持积极利用、科学发展、依法管理、确保安全的方针，加大依法管理网络力度，完善互联网管理领导体制，确保国家网络和信息安全。目的是整合相关机构职能，形成从技术到内容、从日常安全到打击犯罪的互联网管理合力，确保网络的正确运用和安全。"正是在这样一种极为有利的大背景下，2014 年 2 月，党中央和国务院正式组建中央网络安全和信息化建设领导小组，其不仅是中央层面强有力的执法管理机构，而且更是统筹和指导着中国网络空间的短期、中期与长期的发展战略。2018年 3 月，中共中央印发了《深化党和国家机构改革方案》，设立中央网络安全和信息化委员会办公室，将国家计算机网络与信息安全管理中心由工业和信息化部管理调整为由中央网络安全和信息化委员会办公室管理。由此可见，网络空间执法治理问题的重要性对于最高决策者而言，不再仅仅是简单的行业管理问题，现在已经上升为国家层面战略高度的国家安全问题。

6.3.2　我国网络空间执法模式面临的挑战

由于网络空间具有虚拟性、开放性、无国界性与互动性等特点，其网络技术更新速度极快、信息流巨大、传播速度也极快，互联网正通过这些特点颠覆式地创新着人类生产、传播、获取信息的方式。但与此同时，正是由于网络空间技术具有极强的不可预测性，不健康的信息、虚假信息、恶意谣言、欺诈、恐怖信息等各种有害信息也在四处蔓延，这些问题不仅时刻威胁着我们每个人的生命安全，而且对社会稳定甚至国家安全都构成了极大的威胁。因此，在网络空间执法中有两个关键问题急需解决好，一个是对网络空间范围内一般违法行为的行政执法管辖权问题；另一个是网络空间范围内一般违法者的身份认定问题。管辖问题主要包括对一般违法行为的法律级别管辖与地域管辖，而在一般违法者的身份认定问题中，由于网络空间本身具有的虚拟性与网络空间活动的非面对面性，使得网络使用者身份的重要性在网络空间活动过程中显得并不是特别重要，从而使得网络空间执法在技术追踪与目标锁定上颇为费时费力。因此，面对网络空间技术所引发的可以预测与难以预测的安全危机，未来一段时间内我们还将面临很大的挑战。

1. 体制机制仍不够健全，法律法规仍然需要完善

党的十八大以来，我国根据当前网络空间范围内的不确定性与极易冲突性，进一步健全了相关的法律法规体系建设，完善了治理体制机制，可以说我

国互联网络内容治理取得了一定的成绩。但是就目前而言，我国的网络空间执法治理体系仍然需要不断完善，特别是在针对突发事件时，体制与机制不健全的缺点便会暴露无遗，如随着我国网络空间高科技的发展，网民利用网络空间内发达的技术手段找到了越来越多规避相关法律法规审查的方法。出现这种网络监管机制未能达到法律法规预期现象的原因，具体可归纳总结如下：首先，缺乏相关的理论基础，缺乏横向的地域之间、纵向的部门之间对互联网内容的有效预警与协同治理体系。其次，由于受到网络空间立法者的主观立法目的的影响，有关执法治理方面的法律制定者主要是从网络空间全局性出发，其往往追求的是规模效应、长期效应，而网络空间技术的发展极其迅速，公共法律政策很难较快地随之更新，难以得到个别利益主体认同的情况。

2. 网络空间内不定期地出现一些新鲜事物，使得执法面临的风险也越来越大

网络空间范围内随着技术的不断更新，网络空间范围内新型主体也会随之逐步地开始出现。网络空间内网络通信技术的普及使得任何一个网民都可以发布各种类型的信息，他们之间可能具有相同的利益，也可能会产生较为严重的利益冲突，此时对其进行的执法管理控制超过了现有法律法规的规定，使得执法面临极为严峻的风险挑战。特别是在社会生活中频繁出现的事件经过在网络空间范围内传播与发酵之后，往往一波三折，产生了巨大的社会反响与风险。其最初的发生固然难以预测，但其最后的发展结果往往更令人难以置信。为此，德国社会学家乌尔里希·贝克就认为："现代社会不得不面对自身造成的种种无法预期的、不可控制的和不可计算的巨大威胁，整个社会开始由工业社会向风险社会转变。"[①]

3. 网络空间内难以形成执法理念共识，价值观建设仍然任重道远

在复杂且多变的网络空间社会中，由于网络空间内执法主体自身主体的多元化以及由其所导致的利益多元化，使得不同利益群体之间难以真正形成统一的具有共识利益的群体，基于此，进而严重影响了在网络空间内对网络空间社会进行有效管理的合作共赢。在网络空间内容里隐含着形形色色的价值观，有主流的也有支流的，同时还存在着违反法律的、违背道德底线的"逆流"。这样一来，各种价值观、意识形态在网上不断地进行交融、交流与交锋，在许多问题上缺乏一个共同的认识，难免会产生冲突。因此，这就在客观上导致了互

---

① ［德］乌尔里希·贝克. 风险社会：向现代性迈进［M］. 何博闻译. 南京：译林出版社，2004：1-2.

联网内容治理理念与方法存在诸多不同的观点,要想被绝大多数的网民所认可,其难度可想而知。[①]

6.3.3 我国网络空间执法模式的改革性前瞻

1. 构建多元化主体共同治理网络空间的大格局

由于互联网络的特殊性,单纯地依靠政府单打独斗并不是治理互联网内容的最佳模式,无论政府如何加强防控,也不能最终实现网络空间治理的法治化。目前,各国政府纷纷设立网络执法部门,并通过区域合作、技术合作、多部门联合等方式加强执法机构建设,以提高国家网络治理能力和执法水平。针对网络空间执法中出现的两大关键问题——网络空间管辖权问题与网络空间一般违法者的身份认定问题,我们可以通过前述执法理论所倡导的治理主体多元化以及合作性网络的权威性来不断对执法手段进行创新。具体而言,借助综合执法理念,加强对我国现有的网络执法队伍的建设,使得其能够充分有效地发挥各个主体积极的作用,明确各自的职责权限,进而达到对互联网络的综合执法治理。同时,需要积极发动政府之外的社会组织主体以及个人等各方力量来加强对网络空间内容的治理,共同建设和谐的互联网内容生态系统。

2. 以全面系统的执法理念引领网络空间治理

在网络空间系统中,互联网络的架构与运行是一个极其复杂的组织系统,其内部包含数量庞大的网民、重要的网民关系系统、网络技术革新的创新性、信息流动的动态性以及无中央控制的自治组织性。在这样一个复杂多变的系统里,工业时代常有的控制思维和治理办法已经显然难见成效。我们在具体治理理念上不能试图凭借单纯的构想去设计互联网络内容该如何具体治理,我们只能顺应其复杂多变的特点,相信社会公众有参与治理的能力,帮助其实现自我的善治。因此,网络空间执法治理的主管部门应首先转变观念,不能仅仅依赖封堵、删除等硬性技术手段,而更重要的是要学会如何发动群众的力量来形成公众自治,这种理念的转变将会是实现网络空间执法善治的重要保障。

3. 在网上要做好对社会主义核心价值观的宣传

网络空间不仅是技术、工具、媒体、产业,还是政治意识形态的领域。互联网络空间执法治理规则作为网络共同主体意志的反映,其正当性与合理性的

---

① 惠志斌,唐涛. 中国网络空间安全发展报告(2015)[M]. 北京:社会科学文献出版社,2015:140.

基础在于共同体成员的广泛认同与遵守。因此，网络空间执法治理的方式应该从强制性控制转变为谋求社会的认同与共识。而要想获得社会上大多数的认同，就必须发挥社会主义核心价值观的重要社会引领作用。感动中国人物评选、最美人物风潮与光盘行动等诸多体现社会主义核心价值观的活动，都让我们清楚地看到，在网上所形成的善举的传播力量，可以成为在互联网上进行社会主义核心价值观传播的一股正能量。因此，只要我们坚持网络空间正能量的传播，网络空间就能保持一定的积极活力，而互联网络也将因此成为推动我国社会主义现代化建设的伟大力量。

4. 与国际上通行的网络空间执法模式接轨

网络空间化的发展不仅需要国内立法与执法的规范化，而且需要世界各国之间有一套完备的网络空间执法理论体系与国际统一化的规则适用标准。"世界各国的网络立法与执法领域的协作就像是网络立法领域的'互联网络'，各国的国内法体系好比是'局域网'，而国际性的法律体系、框架或者是公约则是'互联网'，其中的合作性原则和精神就像是'TCP/IP'协议。"①虽然各国在政治体制、意识形态以及法律适用上有着显著差别，但依据网络空间自身的一些特点还是可以为网络空间执法的国际化形成一些普遍适用的规则与协议。对于当前我国网络执法的模式变革而言，更重要的是努力参与国际社会网络空间治理规则的制定，努力借鉴发达法治国家网络治理的成功经验，在一定范围内与程度上实现执法模式与国际的接轨。

6.4 本章小结

在网络空间范围内，由互联网络空间所带给国家、社会以及个人的利益是有目共睹的，其中既有对国家稳定发展、社会秩序良好与个人健康和谐积极有利的一面，也有对三者带来极为不利的一面。因此，在网络空间内如何妥善平衡处理网络空间技术所带来的利与弊两方面的因素，成了网络空间技术革命发展道路上极为重要的一项议题。针对出现的此种困境，目前可行的主要实施措施包括作为政府监管职能部门的网络空间行政执法、作为网络空间范围内参与者的监督措施，以及网络空间范围内的行业自律监管等。作为三种调

---

① 张化冰. 网络空间的规制与平衡———一种比较研究的视角[M]. 北京:中国社会科学出版社,2013: 299.

整措施中最具有实践可行性与实践效果最为有效的网络空间行政执法措施，其本身的存在固然给网络空间范围内各项活动的开展提供了良好的秩序环境，但若行政执法手段对网络空间活动开展过多或者不适当的干预，反而将对网络空间技术的发展起到阻碍作用，使网民的切身利益受到侵害。从哲学的角度来看，没有任何一种事物的产生和发展是只有好处而没有坏处的，最重要的是在事物发展的过程中取得一种制衡，才是促进此事物可持续发展的关键。为此，如何取得网络空间技术发展与网络空间行政执法的有效制衡，成为当前网络空间进一步发展壮大的一大关键问题。

7 网络空间秩序构建的行为主体：网企与网民

北部战区一位部队高级军官在谈及网络空间安全时借用了三位历史人物的预言：意大利军事理论家杜黑预言"谁控制了天空，谁就控制了世界"，英国海军理论家马汉预言"谁控制了海洋，谁就控制了世界"，著名未来学家托夫勒预言"谁掌握了信息、控制了网络，谁就将拥有整个世界"。诚然，21世纪，人类跨入信息时代，网络空间成为人们赖以生存的"第五空间"，信息网络日益成为现代社会的"神经中枢"。"2020年，全球已有41亿人获得互联网服务。"[①] 人类社会已进入网络时代，虚拟网络与现实社会交织，深度和广度空前。

2014年2月27日，中央成立了网络安全和信息化领导小组，习近平总书记担任组长并提出要"把我国从网络大国建设成为网络强国"，网络空间安全已上升为国家战略层面。同时，习总书记在关于加快完善互联网管理领导体制的说明中强调，"网络和信息安全牵涉到国家安全和社会稳定，是我们面临的新的综合性挑战"。"网络强国"作为一项战略目标，其构建是多方位立体化的，既需要网络立法的规范化、网络执法的科学化，也需要高水平的人才培养、创新团队建设，还需要与之相匹配的网络运营规范意识和全民信息素养的提升。其中，网络企业与网民是网络空间法治秩序的构建主体，健全的网络企业自律机制和良好的网民自我约束能力对于网络空间法治秩序的建成具有重要意义。

网络社会是在科技不断更新的时代背景下产生的，它是现实社会的延伸，需要法律的治理。然而，威权手段并不是网络治理的唯一选项，网络舆情治理需要刚柔并济的"生态治理"。对于"未知远超过已知"的互联网，除了需要政府的力量，还需要网民的辨别能力、媒介素养和社会责任感的提升，意见领袖

---

① 中国网络空间研究院. 世界互联网发展报告 2020[M]. 北京：电子工业出版社，2020：5.

的自律性增强，运营商和管理员的责任回归，科普和言论观察机构的出现，这些治理主体都是构建网络舆情"生态治理"链条中不可或缺的环节。

7.1　社会责任：网络企业的自律机制

2016 年的五一小长假，很多网民都被同一篇文章刷屏了，5 月 1 日早上 6 点 44 分，出自微信公众号"有槽"的一篇名为《一个死在百度和部队医院之手的年轻人》的文章阅读量以"10 万＋"的速度增长，在知乎和朋友圈中发酵、扩散。"有槽"在文章中解释道："魏则西去世了，他爸爸通报死讯后，调查记者孔璞转载了魏则西在知乎上发表的这篇长答复，简而言之：这个 21 岁的年轻人出于对百度和部队三甲医院的信任，在罹患滑膜肉瘤这种罕见的癌症后，在武警北京总队第二医院尝试了一种号称与美国斯坦福大学合作的肿瘤生物免疫疗法，在借钱完成了治疗并出现肺部转移后才得知这种疗法并不靠谱。"①一时间，百度被推向舆论的风口浪尖。5 月 3 日，国家网信办会同国家工商总局、国家卫生计生委成立联合调查组进驻百度公司，对此事件及互联网企业依法经营事项进行调查并依法处理。联合调查组由国家网信办网络综合协调管理和执法督查局局长范力任组长，国家工商总局广告监管司、国家卫生计生委医政医管局及北京市网信办、工商局、卫生计生委等相关部门共同参加，联合调查组将适时公布调查和处理结果。

"魏则西事件"引发了民众对百度竞价排名制度的质疑，而这已然不是百度公司首次遭遇类似窘境。2016 年年初，百度曾因血友病贴吧被卖引来诸多网友痛诉和指责。而早在 2008 年 6 月，上海市第二中级人民法院已就大众交通（集团）股份有限公司等诉北京百度网讯科技有限公司等侵犯商标专用权与不正当竞争纠纷案做出判决，"被告（百度）作为百度网站的经营者以及'竞价排名'业务的负责主体对于明显存在侵犯他人权益可能的注册用户未尽合理的注意义务，主观上存在共同过错，客观上共同给两原告造成了损失，构成帮助侵权行为，应当就该侵权行为共同承担赔偿损失的民事责任"。诸如此类的案件还有 2008 年 8 月 5 日深圳律师黄维领状告百度违反《广告法》、2008 年 10 月 31 日"全民医药网"向国家工商总局申请对百度进行反垄断调查等，这些案件在印证了网络社会日益发达的同时，也引发了对网络企业自律机制的思考。

---

① http://aaaaa8138.blogchina.com/3022126.html，2016－05－01.

7.1.1 法理渊源:公司的社会责任

网络企业的自律源于其所承担的社会责任,公司承担社会责任是近现代商法的重要原则之一。源于中世纪商人法的近现代商法,以确认和规范商人的地位和活动为己任,强调商人特权的商法已经成为更多规定商人责任的法律。1924年,美国的谢尔顿最早提出"企业社会责任"的概念,并把企业社会责任与经营者满足企业内外各种社会需要的责任联系在一起。首先需要明确的一点是,企业社会责任与"企业办社会"是有区别的。企业办社会,主要是针对传统的国有企业而言的,企业建立和兴办了一些与企业生产经营没有直接联系的机构和设施,承担了产前产后服务和职工生活、福利、社会保障等社会职能,主要是由历史原因造成的。其带来的社会问题较多,一是中西部和东北部地区较东部地区严重,"2013年广东全省国企办社会费用不到1亿元,四川省约9.6亿元,黑龙江仅龙煤集团一家就约3亿元"[①];二是资源型企业较其他企业严重,如四川煤炭集团每年负担2.6亿元,占全部省属国企的近一半;三是大企业较中小企业严重,央企办社会负担约占全部国企的一半,地方又以省属企业为主。企业办社会并不具备独立的法律人格,而企业承担社会责任是要求企业由单一的经济人格转变成承担经济、社会责任的双重人格。

"理论界,围绕企业尤其是公司是否应承担社会责任的问题,则出现了美国30年代著名的伯尔(Berle)与多德(Dodd)之争。伯尔认为,公司管理者只能作为公司股东的受托人,管理者的权力应本着股东是公司的唯一受益人这一原理而创设,股东的利益始终优先于公司的其他潜在利害关系人的利益。因此有必要对公司管理者的权力加以有效地限制,只有在能够为所有股东带来可判定的利益时,授予公司管理者的权力才是适当的。多德则认为,公司的权力来自公司所有利益相关者的委托,并以兼而实现股东利益和社会利益为目的;不仅要通过确立一定的法律机制促使公司承担对社会的责任,而且应当引导和控制公司管理者自觉地履行社会责任。"[②]

关于公司的社会责任,现代商法已经超越了传统商法主要关注相对人之间和消极被动的层面,而将其提升到第三人和社会且积极主动的层次。现代公司的责任包括对社会责任积极的担当,公司的社会责任本是商法应有的内

---

① https://cj.sina.com.cn/article/detail/3656659427/72548? doct=0.
② 李长兵. 论商法的社会责任理念及其规则体现[J]. 湖北行政学院学报,2014(4).

容。公司的社会责任不仅是社会对公司的一种企望，还是其本身发展的需要。"现代社会背景下，企业和公司等商人形态已经不再是纯粹的经济组织，各类商事组织的功能也不再仅仅是满足利润最大化的需求，而是应当重视商事组织的社会性、公共性功能，通过赋予其承担一定的社会责任来平衡和淡化由于过分追求营利性目标所带来的一系列社会问题。而公司自治行为是否妥当、合理，公司自治的后果是否能被社会接纳，其能否成为一个独立的自治体求得生存与发展，很大程度上取决于公司能否自觉承担起社会责任。赋予各类企业和公司等商事组织以一定的社会责任，让其承担应有的社会义务，不仅有利于建构合理的商法理念体系，而且有助于在市场经济条件下实现对资源的合理配置、环境的积极保护、劳动力的充分就业、市场的规范有序以及经济的持续增长等积极的社会效益。"[1]于公司而言，股东利益和社会责任应当也可以做到兼顾。

在各国的立法体例中，均对公司社会责任予以相应规制，我国也不例外。我国《公司法》第五条规定："公司从事经营活动功能，必须遵守法律、行政法规，遵守社会公德、商业道德、诚实守信，接受政府和社会公众的监督，承担社会责任。"但公司承担社会责任不仅是法律义务，更是道德义务，是二者的统一体，且更侧重于后者。法律责任是底线要求，而对于公司承担社会责任而言，更多的是营造一种较高的道德要求，依靠公司的公益心自觉地维护法律要求之外的社会利益。

7.1.2　困境：意识与技术的双重压力

100 年前，人类无法想象坐在一台机器前浏览全世界新闻的感受，100 年后的今天，上网已经成为众人必备的一项生活技能。通过无形的网络，我们可以快速获取世界各地的实时信息，可以足不出户购物、点餐，可以和千里之外的亲朋好友视频聊天，可以关注美国总统大选的进程，可以研究英国王妃的套装款式……作为网络信息的传播平台，网络企业在连接网民与网民、网民与政府甚至国家与国家之间都发挥着不可小觑的作用。在市场经济条件下，网络企业的发展有着较为自由、开放的生存环境，但同时也衍生出一些有待填补的制度漏洞。

---

① 李长兵. 论商法的社会责任理念及其规则体现[J]. 湖北行政学院学报，2014(4).

1. 部分企业管理者法治意识淡薄

网络企业的自律与否很大程度上取决于管理者的领导能力和法治意识。随着市场经济的发展和互联网技术的普及，网络企业的入行门槛逐渐降低，运营范畴有所扩大，而并非所有网络企业管理者都具有足够的法治意识，能够保障企业在法治的轨道上运行。正如前文所述，由于法律的滞后性，我国目前在网络空间立法方面仍有很大空间，部分网络企业运营者不能自觉承担企业社会责任，钻法律的空子，对国家、社会和个人利益造成了不同程度的伤害。即使是制定了相应的配套措施的企业，也多是在意识到相关问题的严重性之后，甚至是在损害发生之后，才做出补救措施。这在一定程度和范围内，割裂了企业的自然属性和社会属性，抑制了企业主动承担社会责任。

经营者的法治理念有待提升不仅表现在其对依法运营的思想重视程度不够这一方面，同时也体现于其对法治空间的认识不够清晰。虽然网络空间已成为人们日常生活中不可或缺的一部分，网络企业异军突起，但是并非所有的网络企业缔造者和经营者都可以准确把握网络空间的法治属性，也未能确立"互联网领域哪些可为哪些不可为"的警戒线，"公司利益至上"的理念仍然存在。

2. 行业协会约束力有限

在我国，互联网相关的 NGO 的出现应归于 2001 年 5 月 25 日中国互联网协会的成立。该协会由国内从事互联网行业的网络运营商、服务提供商、设备制造商、系统集成商以及科研、教育机构等 70 多家互联网从业者共同发起。随后，各省、市的互联网协会不断涌现，2002 年 5 月 16 日江苏省互联网协会成立，2004 年 3 月 18 日北京网络行业协会成立。作为一种重要的市场中介组织，行业协会在提供政策咨询、加强行业自律、促进行业发展、维护企业合法权益等方面发挥了重要作用。但是，由于相关法律法规不健全，政策措施不配套，管理体制不完善等各方面原因，虽然我国互联网协会在规制范围上较之前已完成从无到有、从小到大的转变，但仍未能充分发挥其应有作用，仍存在着覆盖率不高、结构不合理、服务能力不足、作用不突出、同质重复设置等问题。

互联网协会的主要任务之一是"制定并实施互联网行业规范和自律公约，协调会员之家的关系，促进会员之间的沟通与协作，充分发挥行业自律作用，维护国家信息安全，维护行业整体利益和用户利益，促进行业服务质量的提高"。然而，在互联网协会成立后的十几年中，中国互联网界出现的很多违规违法事件无一不触痛着国人的心。在此期间，互联网协会所发挥的作用并不尽如人意,甚至很少有消费者知道其存在和作用。

3. 网络企业存在技术跟不上需求的问题

网络的发展日新月异,对于网络企业的要求也不断提升。近年来,网络平台不时出现泄露用户个人信息等事件,除了保密意识外,技术不过关也是一个重要因素。作为互联网企业,不能保证自身的技术创新性和更新速度是我国网络企业面临的主要问题之一。服务器容量不够大、防火墙级别不够高、信息监管力度不够强,互联网企业的发展遭遇着不同程度的瓶颈期。在企业都希望进入"互联网+"的时代,没有创新和技术的保障注定会被市场淘汰。但在走向衰落的过程中,由于技术不过关很可能给他人带来利益损害。据不完全统计,2015 年已造成影响的国内外发生的网络信息安全泄漏事件包括机锋用户数据泄露、十大酒店房客开房信息泄露、海康威视监控设备被境外控制、30个省超过 5 000 万份社保信息泄露等十几件。血淋淋的现实告诉我们,网络企业的技术不仅是企业运营的能力要件,也是其能否在自身能力范围内经营好相关业务的自律范畴。

技术的竞争不仅是为满足国内经济发展的需求,更是国际地位和综合国力提升的要求。目前,美、欧、日等国家在 IPv4 的地址、网络资源、产业等方面拥有得天独厚的优势,为了改变我国在互联网中的力量对比,提升我国的互联网国际地位和话语权,提高高新科技的核心竞争力,我国在"十三五"规划中提出"超前布局下一代互联网,全面向互联网协议第 6 版(IPv6)演进升级",借以在 IPv6 的过渡互通、业务应用、安全管控等方面进行创新研究,通过大力发展基于 IPv6 的下一代互联网助力我国率先掌握核心技术和发展先机。2016 年6 月 26 日,在"中国下一代互联网建设及应用峰会"上,国家下一代互联网产业技术创新战略联盟发布了"支撑全面部署下一代互联网的行动计划——IPv6 百城千镇升级工程"。该联盟提出,到 2018 年,全面实现我国向下一代互联网演进升级的目标。到 2017 年年底,建设 6 个国家级下一代互联网创新服务平台(包含 IPv4~IPv6 转换平台和六大衍生中心)(A 级),建设若干个下一代互联网创新服务平台(B 级),实现 100 个城市、100 个园区(高新区/经开发区)、100 个行业、300 个互联网小镇升级到下一代互联网。

7.1.3　转变:我国网络企业自律机制的完善

"公地悲剧"是经济学界熟知的一个现象,它说明了一个基本的道理:"处于无保护状态下的公共利益是最容易受到侵害和伤害的。"作为互联网的运营主体，网络企业的自我约束能力不仅关系企业本身的运转与发展，也与诸多网民的生活息息相关，更是关系国家安全的战略需求。因此，在机制构建的基础上，网络企业不仅要对公司股东负责，也要对其应当承担的社会责任负责。而公司在维护社会利益的同时，本质上也在维护自身的长远发展。网络企业的自律需要管理者与从业者的自我约束，需要行业协会的环境保障，也需要法治氛围的熏陶。

1. 提升网络企业管理者的法治思维能力

网络管理者的法治思维能力关乎整个企业的走向，要求每一名网络企业管理者都有法学背景并不现实，但是可以双管齐下，从外部学习条件和内在学习动力两方面提升网络企业管理者的法治意识。一方面，政府有关部门可以加强对其法治观念的培训，在加强全民普法教育的同时，定期组织网络企业管理者进行专门化法律知识学习，在网络企业管理者的管理理念中应树立"企业责任不仅是道德所需，也是法律要求"的观念。另一方面，在社会主义法治中国的背景下，在政府为其提供良好的学习氛围的基础上，网络企业管理者也应增强法律知识学习的自觉性和主动性。马克思唯物辩证法认为，内因在事物发展中起决定作用。因此，网络企业管理者的知识储备和思想认知对于企业的发展走向具有不可小觑的作用。

互联网信息泥沙俱下、冗杂繁多，很多人以搜索引擎来寻找需要的内容，很大程度上，搜索引擎提供的信息决定了搜索者的认知和理解。正因此，在信息真假的鉴别、排序的先后上，搜索引擎不能不谨慎处理、严肃对待。对于那些"利用网络进行欺诈活动、散布色情材料、进行人身攻击、兜售非法物品"的信息，则需要更加警惕地进行筛选和提出，才能"让互联网更好地造福人民"。目前，我国关于网络企业的运营准则主要有《微博社区公约》《微博社会管理规定》《中国新闻工作者职业道德准则》《禁止有偿新闻的若干规定》《中共互联网行业自律公约》(2002年3月26日130家互联网从业单位在京签署，为我国第一部互联网行业自律公约)及《文明上网自律公约》等。作为网络企业管理者，应当在遵循法律法规规定的同时，严格按照上述公约开展工作，做一个守法用法的好公民，带领企业成为依法运营的优秀企业。

2. 加强网络企业从业者职业技术能力和职业道德素养

网络企业从业者的技术水平和职业道德良莠不齐，能够紧跟时代潮流，及时更新企业技术，尽力保障用户的信息安全是企业能力的体现，也是企业从业者职业素养的要求。网络企业从业者每天可以接触大批用户个人信息,能够遵守保密原则,拒绝违法违规的行为是其最基本的职业道德要求。反之,应对有意无意泄漏用户个人信息的工作人员进行处罚,根据情节严重与否承担相应的内部处分或法律责任。社会主义核心价值观倡导在工作中坚持爱国、敬业、诚信、友善的职业道德观,在信息传播飞速发展的当今社会,网络企业从业者的职业素养直接关系到亿万用户的个人信息安全,必须对其进行教育,确保其正确行使相关权利。

网络企业应当顺应时代潮流,加快技术更新换代的速度,尽量满足新形势下的技术要求,防止由于可预见、可补救的失误造成对用户或社会利益的侵害。技术自律是对互联网企业的一项职业要求。德国在互联网内容方面实行分级制度,年龄分级分别为"6 岁以上、12 岁以上、16 岁或 18 岁以上",这一举措的实施是需要结合技术过滤软件才可以实现的。

2014 年 5 月,在全国范围内开展了为期一个月的专项治理行动,腾讯微信、中国电信易信、阿里巴巴来往、陌陌科技陌陌、小米米聊、新浪微米、光明网时光谱等 7 家企业表示积极配合专项治理行动,并发出"十项倡议",内容是:① 遵守法律法规,坚守"七条底线";坚持正确导向,凝聚正能量;严格行业自律,加强内部管理;履行社会责任,抵制网络犯罪;提倡公平守信,反对恶性竞争。② 落实实名制,实行绑定手机号码等方式进行用户真实身份信息注册。③ 严格把好公众平台入口关,重点发展公众平台等商务服务功能。④ 对已有的公众账号做一次全面清理,坚决关闭违法违规账号。⑤ 对公众账号实行动态分级管理,确保公众平台舆论生态好转。⑥ 加强朋友圈管理,规范有关功能。⑦ 加强朋友圈审核管理,坚决关闭通过朋友圈传播违法有害信息的账号。⑧ 规范"附近的人"等有关功能。⑨ 完善技术手段,提高打击淫秽色情信息能力,坚决关闭借此传播淫秽色情信息的账号。⑩ 建立辟谣机制,及时澄清谣言。这不仅表明了此 7 家企业对国家相关部门工作的支持,也是其加强对自身职业道德约束、提高社会责任感的表现。

3. 充分发挥行业协会的作用

如上文所述,我国已形成从中央到地方的互联网协会体系,在此框架下,应充分发挥其应有的作用,积极参与互联网企业的相关活动,达到监督引导的效果。2011 年 8 月 1 日,中国互联网协会发布《互联网终端软件服务行业自律公约》,特别强调要保护用户合法权益,建立健全用户个人信息安全保护管理制度,采取有效技术措施,保障用户个人信息安全,防止用户个人信息丢失、泄漏,禁止和反对强制捆绑、软件排斥和恶意拦截以及不正当竞争。2016 年 4 月 13 日,北京市网络表演(直播)行业自律公约新闻发布会在北京举行,百度、新浪等 20 余家从事网络表演(直播)的主要企业负责人共同发布《北京网络直播行业自律公约》,承诺所有主播必须实名认证,不为 18 岁以下的未成年人提供主播注册通道。此外,对于播出涉政、涉枪、涉毒、涉暴、涉黄内容的主播,情节严重的将列入黑名单。上述两个公约的制定都是网络行业自律的体现,今后应加强制度规定并积极践行制定的公约。行业协会不仅是代表本行业出声的传话筒,也是对行业内部进行整顿和调整的指挥棒。企业加入行业协会就应受协会公约约束,协会也应在保障国家利益、社会利益和入会企业利益的基础上,通过制定公约、组织学习、进行处罚等方式对整个行业进行有力管理。国外的网络空间隐私权保护基本上遵从两种模式,一是以欧盟国家为代表的以法律规制为主导的模式;二是以美国为代表的依靠行业自律模式。"当前美国最典型的网络隐私权自律组织当属美国隐私在线联盟(Online Privacy Alliances,简称 OPA),其成员包括雅虎、迪士尼、美国在线等 100 多家成员单位,其制定的隐私指引包括:同意采取并执行隐私政策;应全面公布和告知其隐私政策;选择与同意;信息数据的安全;信息数据的质量和接近等。"①此外,美国相关企业也在打击儿童色情的斗争中扮演着重要角色。例如,"美国互联网服务商韦里孙通信公司、时代华纳公司以及移动通信运营商斯普林特通信公司等曾联手封杀全美范围内的儿童色情网站及论坛"②。我国在相关领域可以有选择性地借鉴美国的机制构建。

7.2 依法上网:如何做中国的好网民

2016 年 1 月 22 日,中国互联网络信息中心(CNNIC)发布第 37 次《中国互联网络发展状况统计报告》(以下简称《报告》)。《报告》显示,截至 2015 年 12 月,中国网民规模达 6.88 亿人,互联网普及率为 50.3%;手机网民规模达 6.2 亿人,占比提升至 90.1%;无线网络覆盖明显提升,网民 Wi-Fi 使用率达到 91.8%,相较于 2014 年年底提升 2.4 个百分点。2021 年 8 月 27 日,中国互联网络信息中心(CNNIC)在北京发布第 48 次《中国互联网络发展状况统计报

① 张化冰. 网络空间的规制与平衡——一种比较研究的视角[M]. 中国社会科学出版社,2013:138.
② 张恒山. 透视美国互联网监管的主要内容和措施[J]. 中国出版,2010(7月上):57.

告》(以下简称《报告》)。《报告》显示,截至2021年6月,我国网民规模达10.11亿人,较2020年12月增长2 175万人,互联网普及率达71.6%。10亿用户接入互联网,形成了全球最为庞大、生机勃勃的数字社会。

雾霾橙色预警时,学生究竟是该待在家里还是教室里,教育部门尚在头疼犹豫,网上的讨论已是引经据典、如火如荼;昆明火车站的暴力恐怖袭击,事发7分钟后就已由自媒体传遍网络;除夕之夜,网民们对春晚节目的品头论足,远比观看节目本身更为投入……随着网民人数的不断提升,国家对网络安全的重视也日益提升。2015年6月,根据《学位授予和人才培养学科目录设置与管理办法》的规定和程序,经专家论证,国务院学位委员会学科评议组评议,报国务院学位委员会批准,国务院学位委员会、教育部决定在"工学"门类下增设"网络空间安全"一级学科,学科代码为"0839",授予"工学"学位。

美国学者劳伦斯·莱斯格在其所著的《代码2.0:网络空间中的法律》中写道:"网络空间的问题绝不是单纯的网络空间自身的问题,它们都是现实空间的问题,只是通过网络空间表现出来,并提示我们现在就要必须解决或重新审视这些问题。"①目前,我国网民的发展不时会出现舆论左右司法的现象,网民对信息的筛选和辨别能力有待提高,其原因有内有外,就自身原因而言,可能的影响因素有对言论自由界限不够明晰、对新时代网民自律认知不足、对互联网的定位过高等。中国好网民的练就不仅需要外部条件的支持,也需要自我认知的加深和自我素养的提升,要多管齐下,从认识上和行动上改进中国的网络环境。

7.2.1　中国好网民的生存现状

和谐的网络生存环境与良好的网民自律意识对于网络法治发展具有重要意义,纵观我国网民的网络生存现状,除了网络环境本身存在的问题之外,网民自身也存在法律意识不足、自我约束力不够等短板。总体来讲,我国网民的网络生存环境并不乐观。

1. 上诉不如上访,上访不如上网

网络的快速发展使中国960万平方公里的土地上发生的事情不再被时间和距离所影响,关注时政已成为诸多网民的日常必需。不知从何时起,百姓心

---

① [美]劳伦斯·莱斯格. 代码2.0:网络空间中的法律[M]. 李旭,沈伟伟译. 北京:清华大学出版社,2009:154.

中似乎有了这样的定论:上诉不如上访,上访不如上网。2015 年 8 月 12 日,位于天津滨海新区塘沽开发区的天津东疆保税港区瑞海国际物流有限公司所属危险品仓库发生爆炸。爆炸引起了社会各界的广泛关注,相关人员应该承担责任也成为民众关心的热门话题。南京市江宁区房管局原局长周久耕因天价烟的照片在微博上被曝光到其被问责撤销职务,仅仅用了 14 天。而温州动车事故、郭美美事件、宜黄拆迁事件、大连 PX 事件、陕西"表哥"事件等也都与新媒体曝光有着千丝万缕的联系。新媒体的"来势汹汹"也引发了我们新的思考:"上诉不如上访,上访不如上网"的背后体现出的是什么? 一方面是政府问责制的确立与发展,另一方面是百姓寻求新型维权"武器"的尝试。不可否认的是,通过网络曝光确实可以在某种程度上引起更多人的重视,甚至提高政府的关注度和办事效率,作为法外监督的媒体监督的恰当运用也是依法治国的题中之意。但是,部分网民不分轻重缓急、不经正当程序,把上网曝光当成解决事情的唯一有效手段,并不一定能够达到解决问题的效果,也不值得提倡。对于行政机关的监督应是同体监督和异体监督的有效结合,而非"病急乱投医"的盲目跟从。

2. 舆论左右司法

近年来,互联网上经常有一些为犯罪嫌疑人开脱,或提前"定罪"的现象,有的甚至舆论一边倒,来势汹汹。无论是"刘涌案""李昌奎案""彭宇案",还是"邓玉娇案""药家鑫案""许霆案",民众的态度都在一定程度上影响了法院的判决结果。试图以"舆论审判"来影响甚至左右司法审判的现象,值得我们对"舆论审判"和司法审判的关系进行深思。"公众积极参与舆论监督,是社会的进步,是我国民主法治建设的积极成果,但是如何把握好舆论监督的'度'关乎民众能否恰当行使网络监督权达到其应有之义的作用。站在客观公正的立场上,用法律的尺度,认真负责谨慎地发表自己对某一案件的看法,这是公民的权利,而任何背离法律准绳的声音,都会在不同程度上损害法律的尊严。"[1]对于同一案件,网民的声音中有人云亦云的附和,也有扰乱视听的愤世嫉俗,客观理性的判断却常常被淹没。一有被曝光的案件,国人似乎就会陷入一个"仇官仇富""人性本恶"的恶性循环,似乎就会在其中丧失应有的理智。网络力量的强大在于其对信息的包容和传播,而使我们难以驾驭之处也在于其信息量之大。不能够用理性、客观的视角去看待社会中发生的事件,就无法从网络中获取应有的知识和成长。在这方面,我们还有很长的路要走。

---

① 文英. 勿让"舆论审判"左右司法审判[N]. 四川法制报,2013 - 8 - 7,A5 版.

3. 为博眼球制造假新闻

2016 年春节期间，一则上海女友因一顿饭逃离男友江西农村老家的帖子传遍朋友圈。网友"想说又说不出口"发帖称，自己是正宗上海人，2016 年春节假期在男友的要求下和他一起去江西老家过年，但到男友家吃第一顿晚饭时，却萌生了退意，决定分手回家。网帖一出，一下子就成了大家关注的焦点，各大微博、微信公众号纷纷转发。有人挺"上海女"，也有人挺"江西男"，各方激烈讨论。而经网信办联合相关部门组织开展调查工作，发现这是一则假消息，发帖者"想说又说不出口"并非上海人，而是江苏省的一名女网民，因春节前与丈夫吵架，不愿去丈夫老家过年而独自留守家中，于是发帖宣泄情绪，内容是虚构的。

诸如此类的新闻数不胜数，就天津 2015 年 8 月 12 日爆炸一案而言，仅在爆炸发生后的 3 天内就有 360 多个谣言账号被封。"北京 798 和颐酒店女生遇袭事件"发生后，不少网友在警方公布调查结果前也曾怀疑过事件的真实性。网络给网民生活带来很多便利，也为具有不良动机之人提供了犯错甚至犯罪的平台。以前，新闻媒体为了收视率和知名度有不顾职业道德捏造假新闻的行为，现在，自媒体时代每个人都是自己的新闻发言人，每个人也都可能成为假新闻的制造者。一些希望快速蹿红或从中牟利之人便会别有用心地造谣生事、胡编乱造，并利用网络肆意传播假消息，给他人造成侵害。

此外，利用互联网散布假消息、通过互联网进行新型犯罪等也是我国网民面临的新生态。根据汇聚了 8 亿用户大数据的腾讯安全云库的反馈，中国网络安全问题主要集中在恶意病毒木马、恶意手机软件、恶意流氓网址、诈骗电话、骚扰短信等几大方面。网络世界催生了跟风党、炫富党、自拍党等不同类型的网民，但从整体来看，网民生存环境有待进一步改善、素质有待普调是有目共睹的社会现象。

7.2.2 遵纪守法，做好网民

治理网络舆情应走群众路线，培育协同管理的群众基础和社会力量，形成良好的舆论生态环境，保护群众的网络表达参与热情，保障公民的网络监督权，加快网络诚信体系建设，倡导诚信上网、理性上网，引导公民形成正确的网络伦理观念与网络行为规范。注重发挥社会组织的整合、协调作用，整合社会资源，搭建共同治理网络环境的平台和载体，汇聚网络正能量。

1. 知法懂法守法护法,做合格网民

针对上海女逃离男友江西农村老家等假新闻事件,网信办发言人姜军指出,相关法律法规都明确规定,利用互联网造谣、诽谤或者发表、传播其他有害信息,构成犯罪的,依法追究责任,胡编乱造、造谣生事、胡作非为,将受到道德的谴责,乃至法律的惩处,呼吁网友自律,同时希望网民能够理性发声,共同营造风清气正的网络环境。除了利用互联网进行犯罪受刑法处罚外,《最高人民法院关于审理利用信息网络侵害人身权益民事纠纷案件适用法律若干问题的规定》《最高人民法院、最高人民检察院关于办理利用信息网络实施诽谤等刑事案件适用法律若干问题的解释》等司法解释也对网民在互联网上的行为进行约束。2014年度,热门词汇"转发500次"就是源自《最高人民法院、最高人民检察院关于办理利用信息网络实施诽谤等刑事案件适用法律若干问题的解释》的规定,"同一诽谤信息实际被点击、浏览次数达到五千次以上,或者被转发次数达到五百次以上的",应当认定为诽谤行为中的"情节严重"。

生活在法治社会,知法、懂法、守法、护法是对网民的基本要求。习近平总书记强调"奉法者强则国强",国家要引导广大群众自觉守法、遇事找法、解决问题靠法,百姓也应通过法律途径解决自身遇到的问题和困难。网民法治意识的提升不仅表现为上网行为合乎法律规定,也表现为上网过程中学会运用法律武器维护自身合法权益,既不侵犯他人合法权益,也可以维护自身利益。国家法律保障公民在网络空间发表言论的自由,个人也应在行使个人权利的同时保障国家利益、社会利益和他人利益不受损害。

2. 新闻媒体注重对网络的合法合理运用

马克思说,报刊按其使命来说,是公众的捍卫者,针对当权者的孜孜不倦的揭露者,是无处不在的眼睛。新媒体更是如此。作为社会公器,媒体在传达公共意见的同时必须注意自我职业约束与道德考量,否则极易导致公信力的坍塌。新闻媒体自律是新闻媒体及其从业人员对所从事的新闻传播工作有明确的职业道德观念,通过建立一定的组织和制定新闻道德自律信条来进行自我限制与自我约束的一种行为。网络舆情治理应充分发挥媒体自律的作用。网络的发展为媒体提供了新的信息传播平台和更为便捷的工作方式,然而能否科学合理地运用网络开展工作,不仅关乎媒体的工作业绩,甚至关乎其是否可以生存。作为独立于立法、行政、司法的"第四权力",媒体有监督行政的权力,同样也有遵守法律规定的义务,必须在法律法规规定的范围内开展报道。

加强我国的网络媒体自律建设需要采取多方措施。首先,确立政府的职责和功能，政府作为人民公仆应努力成为服务型政府、学习型政府，奉公守法，廉洁自律。其次，制定符合网络媒体自身特点的自律标准，网络自律规范具有可操作性、量化、客观的特点。我国目前缺乏强有力的新闻行业自律公约，并没有相关立法的规定，应将此作为完善我国社会主义法律体系建设的一个方面。最后，加强网络媒体自律机构的建设，行业协会的成立和发展对每一个企业的约束力比法律约束更为长期有效和常态化，通过行业协会内部的自律机构对本行业进行管理，可以提升对新媒体行业的日常约束，增强其自律意识，恰当发挥新媒体的优势。

3. 网民要提升信息筛选能力，理性发声

外部的政策刺激对网民具有约束力，但是法律约束只是底线约束。在社会主义法治社会建设的过程中，虽然要努力发挥舆论监督的积极作用，但是更需要网民增强自我认知的提升。在网络发声时少一些偏激义愤，多一些成熟理性。提升网民的信息筛选能力不仅可以在一定程度上从源头上控制和制止造谣传谣，还可以净化网络环境，缓解政府公信力不足的现状。2016 年 5 月 10 日，一则 29 岁人大硕士雷某死亡的消息被传得铺天盖地，据警方透露，该男子是因为涉嫌嫖娼被抓后跳车反抗，最终由于心脏病突发猝死。网民就雷某是否有嫖娼行为、死因以及家属的质疑是否合理等展开了广泛讨论，然而部分网民的观点和言论并没有建立在了解清楚事实的基础上，甚至有悖于道德要求。事件发生后，冷静地等待官方调查结果，并在分析事实的基础上进行维权或者评论才应是合理合法的解决方式，不明所以地加油添醋只会让家属更加极端，让事态更为扩大。做一名客观冷静的网民，学会用道德约束自己，而非用道德要求他人，理性发声，认真思考，不要让网络成为"负能量"的发泄地和集中营。

2013 年 8 月 10 日，国家互联网信息办公室举办"网络名人社会责任论坛"，参加论坛的与会者们就承担社会责任、传播正能量、共守"七条底线"达成共识，得到了社会各界的广泛热议和支持。"七条底线"具体为法律法规底线、社会主义制度底线、国家利益底线、公民合法权益底线、社会公共秩序底线、道德风尚底线和信息真实性底线。网络空间是现实社会的延伸，所有网站和网民都应增强自律意识和底线意识；坚守"七条底线"，营造健康向上的网络环境，积极传播正能量，为实现中华民族伟大复兴的中国梦做出贡献是每个网民的责任。2021 年，国家互联网信息办公室联合教育部、中国人民银行、全国总工会、全国妇联等部委深入部署实施做中国好网民工程，广泛开展"校园好网民""金融好网民""职工好网民""青年好网民""巾帼好网民"主题活动，在全社会有力推动"文明上网""文明用网"行为。

7.3 本章小结

近年来，伴随着互联网的发展和完善，网络空间暴露和引发的社会问题层出不穷，个人信息屡遭泄露、人肉搜索屡禁不止、谣言控制不到位等问题在很大程度上抑制了网络正确发挥作用。这其中有网络企业存在的管理问题和业务问题，也存在网民的认知问题和辨别能力问题。"七条底线"不仅是网民自我约束、自我管理、自我认知的提升，也是对社会公益进行维护的要求，较为全面地阐明了广大网民在国家层面、社会层面、个人层面的相应责任，是加强网络正面引导、改善网络生态的一场"及时雨"。作为国家、社会的一员，每个网民都应意识到维护国家利益、社会利益和个人合法权益是每个公民的义务，也是不可逾越的道德底线。社会风气的好与坏和每个公民的行为息息相关，网民的行为应坚持中华文化所主张的仁爱与真善美，坚持理性发声和冷静分析，坚守"七条底线"，"并将其上升到制度层面，细化为操作守则，落实到监督环节，与现行法律法规发挥合力的作用，共谋网络生态改善和信息时代的社会有序发展"[①]。

---

① 张强. 当代中国新闻评论的民主意识研究[D]. 华中科技大学, 2015.

8 司法控制:网络空间法治秩序形成的终端保障

　　网络发展的过程是信息技术不断创新升级的过程,也是社会制度和人们思维模式与行为方式的转变过程。随着互联网与人们现实生活联系的加深和融合,虚拟空间和现实世界之间的数字鸿沟也逐渐被填平。与此同时,网络的发展也带来了一系列的社会问题和思考:是否需要对互联网进行司法规制?答案是肯定的。背后没有强力的法治,是一个语词矛盾,就像不发光的灯,不燃烧的火。司法保障是社会健康发展的必要条件,网络空间法治秩序的形成同样需要司法作为终端保障。接下来需要解决的问题在于,以需要司法规制为基础,是否有悖于人们对"新媒体"应有之义的憧憬和期待? 又该如何保证其正确运用?

　　党的十八大以来,习近平总书记多次就社会主义法治建设发表重要论述,提出了许多关于社会主义法治建设的新思想、新观点、新要求,在2020年11月召开的全国依法治国工作会议上,确立了习近平的法治思想,为全面推进依法治国、加快建设社会主义法治国家提供了强大的理论指引和思想武器。深入学习贯彻习近平的法治思想,充分发挥司法行政在全面推进依法治国中的职能作用,是当前和今后一个时期各级司法行政机关的重大政治任务。了解和发挥司法的功能对于构建社会主义法治社会意义重大,对于网络空间法治建设更是具有指导意义。综合我国目前有关网络空间的法治建设的实践情况可以发现,我国目前的网络法治空间仍处在发展阶段,网络安全司法规制仍有较大发展空间,如何充分发挥司法的应有作用值得深思。

8.1 司法的功能

司法是法治社会处于核心地位的纠纷解决机制，其功能可划分为原生功能和衍生功能。司法的原生功能是其最基本的功能，即作为解决纠纷的救济手段，但不止于此。其衍生功能主要包括社会控制、限制权力、保障人权等。充分发挥司法功能的前提是全面认识其功能及其功能的原旨。

8.1.1 司法的原生功能

司法的产生是社会发展的需求，它打破了原始社会以血缘关系为联系纽带的氏族人际关系，人类社会从"以牙还牙""血亲复仇"的私力救济转向寻求公力救济。牧野英一指出："法律发达之另一现象，厥为私力之公权化。"[1]另一位日本法学家棚濑孝雄曾说过，审判制度的首要任务就是纠纷的解决。[2]"私力救济，易生流弊，弱者无从实行，强者每易仗势欺人，影响社会秩序。故国家愈进步，私力救济的范围愈益缩小。至于现代法律遂已禁止私力救济为原则，私力救济往往在民法上构成侵权行为，在刑事上成为犯罪行为。"[3]由此可见，通过公力救济解决纠纷是人类社会发展的必然，而司法的原生功能在于解决矛盾和纠纷。从这一层面来理解，如果说立法是民意的表达，行政是民意的执行，那么司法则为民意的救济。

8.1.2 司法的衍生功能

1. 社会控制的功能

理想是人类奋斗的目标，是创造完美生活的原动力。作为安邦治国的法律，更有自己的理想，它不仅引领着法学的发展，而且这种理想的因子已经内化为现代文明不可分割的重要组成部分。法律的最高理想是什么？古今中外的哲人学者，各有不同的见解。在柏拉图看来："法律不是只为谋求某一阶级

① ［日］牧野英一. 法律上之进化与进步［M］. 朱广文译. 北京：中国政法大学出版社，2003：14.
② ［日］棚濑孝雄. 纠纷的解决与审判制度［M］，王亚新译. 北京：中国政法大学出版社，2004：1.
③ 梁慧星. 民法总论［M］. 北京：法律出版社，1996：2.

公民的幸福，而是寻求全国的幸福。"美国著名法官卡多佐曾指出："法律作为社会控制的一种工具，最重要的是司法作用。"[①]博登海默也曾指出："法律体系建立的全部意义不仅仅在于制定和颁布良好的科学的法律，还在于被切实执行。"[②]

随着时代的进步和社会的发展，司法衍生出更多社会功能，其中最重要的是其社会控制功能。庞德认为，人类社会发展的历史证明，为了维护社会的正常秩序，必须是人类活动按一定的社会行为规范进行，通过某种社会力量使人们遵从社会规范，维持社会秩序的过程，就是社会控制。社会控制需要文明对客观世界进行控制，也需要其对人类自身进行控制，主要手段有道德、宗教和法律。而法律至少在三种意义上被人们使用，一是法即法律秩序；二是法即一批据以做出司法或行政决定的权威性资料、根据或指示；三是法即司法和行政过程。通过法律可以对各种利益——个人利益、公共利益、社会利益之间的冲突进行调整，以保障社会秩序、安全和正义。

司法的社会控制功能主要体现在其是形塑社会文明的重要力量。法律的理想是人类文明进步的产物，它随着人类的文明而产生并推动着人类文明向更高阶段迈进，这主要表现为它摒除人性之恶，发展着人性之善。16 世纪的英国大法官爱德华·柯克坚持司法独立的法律理想，奉守"国王不应服从任何人，但应服从上帝和法律"的英谚，坚决否定国王拥有的司法审判权，为克服专制、通过司法保障人类自由实现的理想做出了卓越的贡献；20 世纪的东京审判、纽伦堡审判，是法律正义理想的胜利，它使下列的观念深入人心：当国家的制定法与正义的理想有极度冲突的时候，制定法就不再是有约束力的法律了，法律也因此失去了合法性的效力。历数人类历史发展进程中的一个个法律性的事件，法律的理想扮演着极为重要的角色，它既是现代文明的化身，也是现代文明的评判标准。而司法在这个过程中作为将法律文本付诸实践的必要过程，对于推动现代文明向着更高阶层迈进具有重要作用。

2. 限制权力的功能

司法的衍生功能还在于其对权力的限制。司法是社会管理的重要组成部分，在加强和创新社会管理中具有特殊功能、担负重要使命，是实现社会管理机制科学有效运行的重要保障。十八大以来，我国开展了大规模的反腐倡廉整治活动，"打老虎""拍苍蝇""照镜子、正衣冠、洗洗澡、治治病"，上至正国级

---

① Cairns. H. the history of legal science[J]. American Jurisprudence Reader. Cowan，T. A：148.

② ［美］博登海默. 法理学——法律哲学与法律方法[M]. 上海：上海人民出版社，1992：361.

干部，下至普通科员，一旦发现绝不姑息，严格按照法律规定进行惩处。习近平总书记多次提及司法公正的重要性，提出要努力让人民群众在每一个司法案件中都感受到公平正义，十八届四中全会更是以依法治国为主题，确立全面推进依法治国的总目标是建设中国特色社会主义法治体系，建设社会主义法治国家。由此可见，在建设社会主义法治国家的进程中，司法公正对于限制权力的重要性。权力是否正确运用需要同体和异体的协力监督，习近平总书记指出，"新闻媒体要加强对执法司法工作的监督，但对执法司法部门的正确行动，要予以支持，加强解疑释惑，进行理性引导，不要人云亦云，更不要在不明就里的情况下横挑鼻子竖挑眼"。

有关司法功能的学说，新中国成立以后所形成的司法工具主义功能观曾占据我国法律界的主流观点，其来源主要有两个方面，一是中国法律的传统中充斥和弥漫着的法律功能观；二是苏联学者法律本质主义的法律观。近年来，随着时代的发展和法治的进步，人们逐渐认识到司法工具观的局限性和危害性，也在实践中不断摸索对其进行修正。构建新的司法观需要坚持法律的权威，重塑司法的惩罚、教育、激励等多元功能，完善社会主义法律体系，结合我国国情进行司法体制改革，保证司法独立，追求司法公正从理论和实践两方面转变观念。现今，学界对能动司法的认知不断深入，实现法律理想需要立法、行政、司法的各自相互配合，能动司法社会管理功能的丰富内容主要表现为以下四点：其一，法官在能动行使司法权的过程中，不仅是在司法而且是在创造法，进而重塑社会秩序。其二，能动司法过程具有化解社会矛盾的功能，能动司法裁决结果能够为解决其他社会矛盾提供参照。其三，能动司法具有维护多元利益，均衡社会与个人利益的功能。其四，能动司法具有创新社会管理功能。①

3. 保障人权的功能

司法工具主义的转变也体现出司法的另一衍生功能——保障人权。司法的原生功能在于解决纠纷，提供民意救济，这本身就是对人权保障的一种体现。从程序而言，司法公正是保障人权的重要支撑，不公正的审判不仅是对法律本身的破坏，更是对民众司法信心的打击。英国哲学家培根曾说："一次不公正的审判，其恶果甚至超过十次犯罪。因为犯罪虽是无视法律——好比污染了水流，而不公正的审判则毁坏法律——好比污染了水源。"2012 年 3 月 14日，十一届全国人大五次会议通过了新修订的《中华人民共和国刑事诉讼法》，

---

① 姚莉，显森. 论能动司法的社会管理功能及其实现[J]. 法商研究，2013(1).

新修订的刑事诉讼法将"尊重和保障人权"写入了我国刑事诉讼法的基本任务，从而体现了惩治犯罪与保障人权并重的司法观念，也体现出我国对人权的重视和在保障人权方面的进步。十八届四中全会通过了《中共中央关于全面推进依法治国若干重大问题的决定》，其中，在第九部分"推进法治中国建设"中提出了一个重要命题，即"完善人权司法保障制度"，重申了国家尊重和保障人权的宪法原则。我国是社会主义法治国家，人民是党和政府开展工作的出发点和落脚点，人权保障具有合法性和正当性，而其实现有赖于司法体制的构建和完善。

8.2 网络空间司法控制的具体实践

如上文所述，社会控制是司法的重要功能之一，也是其作为社会功能调节最有利的手段之一，因此对网络空间实行司法控制是不可或缺的。司法是对立法的实践，是解决争端的最终手段。因此，谈及网络空间司法控制，主要是对相关立法实践过程的分析与探讨。2016年5月，"魏则西事件"和"雷洋事件"像是两条火带，提早让社会体会到了网络夏日的炙热。其中暴露了网络企业行为的自律性与合法化、政府监管的有效性、网民的辨别力、社会的法治意识等诸多问题，也反映了我国网络空间司法控制的现状与有待于改进之处。

8.2.1 网络空间司法实践的领域及内容

1. 宪法领域关涉网络空间的言论自由

我国《宪法》关于言论自由的规定，主要是第二章第三十五条的规定："中华人民共和国公民有言论、出版、集会、结社、游行、示威的自由。"此条款也常成为网民用来"抵御"相关约束的"护身符"。然而，言论自由是没有界限和约束的肆意言论吗？当然不是。在新媒体环境下，信息的传播方式和效率在时间和空间两个维度上获得了空前的突破。网络、手机和电视在深刻改变人类社会的同时，也使得言论自由在新媒体环境下呈现出了新特点。从"人肉搜索"是否合法到如何看待"微博实名制"，由于其信息传播的及时性、内容的多面性、参与的广泛性和难以控制性，新媒体虽然为言论自由提供了新的土壤，但也滋生了新的问题。

　　言论传播借助新媒体，传播速度快、形式多、范围广、参与度高。手机、网络的快捷性不言而喻，自媒体的迅猛发展更是日甚一日，网民每天的评论数量达数百万条，移动商务类应用发展迅速，互联网应用向提升体验、贴近经济方向靠拢。在此形势下，言论自由的司法环境面临着两个问题，一是采取严格的"事前审查"制度，媒体申办条件高，发展受限制。《出版管理条例》第十一条规定了设立出版单位的资金、场所、人员限制，第十二条又规定："设立出版单位，由其主办单位向所在地省、自治区、直辖市人民政府出版行政主管部门提出申请；省、自治区、直辖市人民政府出版行政主管部门审核同意后，报国务院出版行政主管部门审批。设立的出版单位为事业单位的，还应当办理机构编制审批手续。"根据上述规定，公民个人创办出版媒体物所受限制较多，通过审核十分困难，如果有政府部门刻意刁难，即便形成平台，也很难有较大发展空间。二是严格的"事后追究"制度限定了公民发表言论的内容范畴。《出版管理条例》的相关条文规定，任何出版物不得包括反对宪法确定的基本原则，危害国家统一、主权和领土完整，泄露国家秘密、危害国家安全或损害国家荣誉和利益，危害社会公德和民族优秀文化传统等十项内容，出版、复制禁止内容者将被处以行政或刑事处罚。

　　2. 民法领域的实践之未成年人网络安全

　　对未成年人的保护是我国法律体系中的重要组成部分。目前，我国已制定的法律中涉及保护未成年人合法权益的主要是《未成年人保护法》。在网络成为日常所需的当今社会，未成年网民在我国不占少数，网络空间具有虚拟化、传播快等特点，未成年人辨别能力相对较低、社会经验不足，如何更好地保护未成年人在网络空间的权利是值得深度思考的。除了概括性规定外，我国未成年人的网络空间权益主要靠 2002 年出台的《互联网上网服务营业场所管理条例》和互联网企业的社会责任来进行保障。《互联网上网服务营业场所管理条例》规定，互联网上网服务营业场所经营单位不得接纳未成年人进入。然而该规定施行的 10 余年间，未成年人出入网吧的行为屡禁不止，各大网吧门口"未成年人禁止进入网吧"的标志形同虚设。为了保障学生的身心健康，不少学校都在做有益的尝试，如结合国家网络安全宣传周，通过图片展览、知识讲座、网络安全体验等形式引导学生健康上网；开展"文明上网，健康上网，做守法公民"活动，让学生认识到私进网吧的危害性……"除了教育部门努力外，相关部门也应当做好事中、事后的监管和服务，不能因为可能带来的危害而因噎废食。"北京市西城区文化市场管理科科长张元岭认为，政府部门不能一

"堵"了之，可以尝试在特定的时间段、特定的区域允许未成年人进入网吧上网，引导他们利用好网络。

近年来，"网络直播"成了新兴热门词汇。各大网络平台的"主播"如雨后春笋般涌现出来，随之而来的除了交流互动的加强之外，还出现了部分主播未成年，内容涉黄、涉政等不良现象。"2016 年 4 月 13 日，北京市网络表演（直播）行业自律公约新闻发布会在北京举行，百度、新浪、搜狐、爱奇艺、乐视、优酷、酷我、映客等 20 余家从事网络表演（直播）的主要企业负责人共同发布《北京网络直播行业自律公约》（以下简称《公约》），承诺所有主播必须实名认证，不为 18 岁以下的未成年人提供主播注册通道。此外，对于播出涉政、涉枪、涉毒、涉暴、涉黄内容的主播，情节严重的将列入黑名单。"①对互联网新兴职业的年龄进行限制不仅是落实我国《劳动法》的有关规定，更是切实保障未成年人免受网络不良风俗影响的必要手段。

2020 年 7 月，为给广大未成年人营造健康的上网环境，推动网络生态持续向好，国家网信办启动为期 2 个月的"清朗"未成年人暑期网络环境专项整治。"此次专项将重点整治学习教育类网站平台和其他网站的网课学习版块的生态问题，深入清理网站平台少儿、动画、动漫等频道的不良动画动漫产品，严厉打击直播、短视频、即时通信工具和论坛社区环节存在的涉未成年人有害信息，从严整治青少年常用的浏览器、输入法等工具类应用程序恶意弹窗问题，严格管控诱导未成年人无底线追星、拜金炫富等存在价值导向问题的不良信息和行为，集中整治网络游戏平台实名制和防沉迷措施落实不到位、诱导未成年人充值消费等问题，持续大力净化网络环境。"②

3. 刑法领域的实践之网络犯罪新型化

随着信息网络技术的发展，网络犯罪也是风起云涌，很多利用高科技信息网络进行犯罪的犯罪行为，诸如网络盗窃、短信诈骗等严重影响了民众的正常生活，"互联网恐怖主义犯罪""互联网金融犯罪""网络服务者的刑事责任""新型网络犯罪"也成为专家学者讨论的重要课题。

我国高度重视运用法律手段惩治网络犯罪，全国人大常委会制定的《刑法修正案（七）》和《刑法修正案（九）》，对利用互联网实施的相关犯罪做了明确规定。最高人民法院、最高人民检察院出台了一系列惩治网络犯罪的司法解释，2004 年、2010 年先后出台了《关于办理利用互联网、移动通信终端、声讯台制

---

① 不满 18 禁当主播 涉黄将进黑名单[N]. 新京报，2016 - 04 - 14，A16 版.
② https://baijiahao.baidu.com/s? id=1672089711523045225&wfr=spider&for=pc.

作、复制、出版、贩卖、传播淫秽电子信息刑事案件具体应用法律若干问题的解释》和解释(二)，2011 年出台了《关于办理危害计算机信息系统安全刑事案件应用法律若干问题的解释》。2013 年 9 月 9 日，《最高人民法院、最高检察院关于办理利用信息网络实施诽谤等刑事案件的司法解释》公布，规定利用信息网络诽谤他人，同一诽谤信息实际被点击、浏览次数达到 5 000 次以上，或者被转发次数达到 500 次以上的，应当认定为《刑法》第二百四十六条第一款规定的"情节严重"，可构成诽谤罪。2014 年，最高人民法院、最高人民检察院、公安部联合制定了《关于办理网络犯罪案件适用刑事诉讼程序若干问题的意见》。这些立法和司法解释不仅解决了狭义的网络犯罪和广义的网络犯罪的刑事规制问题，而且解决了某些网络犯罪预备行为的正犯化和帮助行为的正犯化等重大问题，解决了我国网络犯罪的管辖问题，有效遏制了一些传统犯罪向网络犯罪的迁移势头。根据上述司法解释的规定，2015 年 12 月，菏泽市中级人民法院就"山东网络谣言第一案"的菏泽曹县交警协勤张某刑事自诉曹县某村农民李某犯诽谤罪一案做出终审裁定，李某因网络发帖诽谤张某"暴力执法"，被以诽谤罪判处有期徒刑 2 年。

4. 经济法领域的实践之互联网反不正当竞争

有关网络发展引发的不正当竞争，最著名的案例应属"3Q 大战"。"2010 年 9 月 27 日，360 发布了其新开发的'隐私保护器'，专门搜集 QQ 软件是否侵犯用户隐私。随后，QQ 立即指出 360 浏览器涉嫌借黄色网站推广。2012 年 11 月 3 日，腾讯宣布在装有 360 软件的电脑上停止运行 QQ 软件，用户必须卸载 360 软件才可登录 QQ，强迫用户'二选一'。双方为了各自的利益，从 2010 年到 2014 年，两家公司上演了一系列互联网之战，并走上了诉讼之路。双方互诉三场，奇虎 360 已败诉。其中奇虎 360 诉腾讯公司垄断案尤为引人注目，2014 年 10 月 16 日上午，最高人民法院判定：认定腾讯旗下的 QQ 并不具备市场支配地位，驳回奇虎 360 的上诉，维持一审法院判决。"①

奇虎 360 与腾讯间的纠纷不仅让用户体验到了互联网的另一面，其诉讼也被称为"互联网反不正当竞争第一案"，是迄今为止互联网行业诉讼标的额最大、在全国有重大影响的不正当竞争纠纷案件，其判决为互联网领域垄断案树立了司法标杆。此案也是《反不正当竞争法》出台多年以来，最高人民法院审理的首例互联网反不正当竞争案，案件本身引发了行业、用户和法律界各方的关注。目前的《反不正当竞争法》是列举法，缺乏兜底性条款，新的竞争方

---

① http://baike.baidu.com/view/4676702.html）；2019 - 09 - 07.

式、经营模式不属于列举范畴，也无法参照相关条款进行调控。随着类似"3Q大战"的互联网新兴案件的出现，已无法根据现行《反不正当竞争法》做出准确裁判，而最终受影响的并非只有双方企业，还会波及网络企业的用户利益。

5. 民事诉讼法领域的实践之网络司法拍卖与老赖

(1) 2014年4月24日，北京市法院正式在试点法院通过淘宝网试行司法网络拍卖。北京二中院和丰台法院作为试点法院，首次司法网拍定在5月13日上午10时，届时北京二中院和丰台法院将对丰台区的一处别墅和通州区的两套房产进行网络拍卖。2014年5月22日，淘宝网官方微博发布了这样一条微博："淘宝史上最贵商品诞生了！3.25亿！100块的人民币能摞300多米！"此桩交易的"卖家"是南京市高淳区人民法院，"商品"则是昆山的一块地。而自打网络司法拍卖平台上线淘宝后，"史上最贵"的金额不断被刷新。①

网络司法拍卖是指单由法院和纯粹的技术平台合作处置诉讼资产的模式或者传统拍卖企业将标的放在第三方的拍卖公共平台以网络竞价的方式进行拍卖。在网络强制拍卖中，网络充当着第三方交易平台的角色，仅无偿提供技术支持与平台服务，并通过计算机程序设定，让竞买人在该平台上开展独立竞价，法院自始至终都是司法拍卖的主体。与传统拍卖方式相比，网络司法拍卖信息发布面广，为公众创造了良好的竞拍环境，扩大了竞拍参与机会，减少了权力寻租的概率，对遏制暗箱操作、杜绝司法腐败有显著作用。由于网络司法拍卖实行零佣金制度，可以实现双方当事人利益最大化。"且鉴于网络的公开性及报名者的匿名性，网络司法拍卖可以有效遏制串标现象的发生，降低流拍率，提升拍卖效率。而法院通过在淘宝网司法拍卖频道直接实施拍卖，既可彰显法院在保护债权人民事权利方面不妥协的立场，又强化了生效法律文书必须执行的意识。"②任何一个制度都需要逐渐发展、逐渐成熟的过程，网络司法拍卖也不例外。目前我国还没有网络司法拍卖的具体法律规定，应通过不断完善相应的法律及司法解释，制定、落实相应拍卖规程，加强监督等手段，将阳光司法之路走得更加稳健。

(2) 网络发展为民事诉讼带来的另一工作方式变化则是将"大数据"应用于执行查控，让"老赖"无处遁形。2010年7月14日，最高人民法院下发了《关于限制被执行人高消费的若干规定》，明确规定了限制"老赖"高消费等一系列问题。2012年7月20日，为进一步强化金融机构的协助执行义务，并通过金

---

① 马薇薇. 南京高淳法院开拍"史上最贵宝贝"价值3.25亿[N]. 现代快报，2014年5月23日。

② 楼宇广. 科技大数据检索助推律师工作[J]. 今日科技，2017(5).

融手段向被执行人施加压力，最高人民法院公布的《关于建立和完善执行联动机制若干问题的意见》中，规定了银行业、证券等金融监管部门和人民银行协助人民法院全面加强执行工作。2014 年 4 月 14 日，南京街头的大屏幕滚动播放着"老赖"的相关信息。从当日起，南京六合法院在该区最繁华的地段楼宇最大的 LED 显示屏上滚动播放第一批 27 名失信被执行人名单，公布的信息包括照片、姓名、身份证号码、执行标的、执行依据案号等。司法的强制性和严肃性使得"老赖们"不得不为自己的违法行为付出代价，对于保障债权人利益和营造干净的民商环境起到了不可小觑的作用。然而这并不仅仅是涉及民事领域的法律责任承担问题，也是提升司法公信力的具体体现，更是成为社会信用体系建设的重要组成部分。网络直播在此过程中呈现出城市内容服务生态圈效应，从法社会学的角度为寻求我国法治和网络的发展提供了一条思考进路。

近年来，各级法院系统大力推进智慧法院建设，通过科技手段大力提升法院的诉讼效率。"2019 年 12 月，最高人民法院智慧法院实验室建成并启用，推进全面建设智慧法院向纵深发展，促进审判体系和审判能力现代化，更好满足人民群众的司法需求。浙江法院开展移动微法院试点，探索'指尖诉讼、掌上办案'新型司法形式。杭州互联网法院依法审理'小猪佩奇'跨国纠纷等案件，率先在国际上探索互联网司法新模式。2020 年 7 月，北京互联网法院构建三维立体式审判监督体系，全面加强在线诉讼案件质量管理。"[①]

6. 刑事诉讼法领域的实践之庭审网络与微博视频直播

2014 年 1 月 23 日，《人民日报》刊登文章《我国法院用微博直面大考 司法公开步入微时代》，其中称：有人说，2013 年是全国法院的"微博年"。2013 年 11 月 21 日，首个国家级法院官方微博"@最高人民法院"开通，轰动一时的薄熙来案庭审公开模式也使网络庭审直播成为热门话题，我国司法公开全面迈入"微"时代。"网络庭审直播"指的是人民法院获得上级法院和中国法院网的审核批准后，通过官方网站视频直播形式向公众直播。直播过程为人民法院专门调派干警负责庭审拍摄，以及图像、文字内容同步录入，中国法院网也同步制作和审核把关，确保整个庭审过程完整、清晰地呈现给广大群众。我国法院网的网络直播系统包括：庭审直播、现场直播和嘉宾访谈，各法院网及各级法院可以直接与中国法院网联系进行相关直播，全面推进审判流程公开、裁判

文书公开、执行信息公开三大平台建设，不断扩大覆盖面，增强影响力。[①]

庭审网络与微博视频直播已成为民众了解重大案件的主要途径之一，其在司法实践中已多次被采用，老百姓可以"足不出户"地观看各级法院的公开庭审视频直播。网上庭审直播已成为"互联网＋"时代的司法新常态。网络直播说明我国在司法公开方面的工作走在了世界前端，而美国、英国仅就摄像机是否可以入庭的问题已争论了几十年。英国在 1925 年就立法禁止电视录播法院的诉讼过程，否则就会招致藐视法庭罪的指控。只有在案件审判后，传媒才可以通过"重新改编的戏剧"的形式重现庭审过程。破冰出现在 1992 年，苏格兰法院率先确立了庭审录音录像的"基本指导规则"，然而 20 多年过去了，对庭审录音录像的限制仍十分严格。美国对庭审直播的收与放，经历了反反复复的曲折历史。法庭上各种媒介的使用，美国人总是走在前面：1925 年，第一个收音机直播案件；1953 年，第一个电视录播案件；1955 年，第一个电视"现场直播"案件。但在很长的时间里，美国的法律规定媒体只能对法庭审判活动进行文字描述，禁止拍照、录像和庭审直播。目前，在美国，联邦和州两大法院系统对庭审录播和直播的态度截然不同。绝大多数州法院已允许摄像机进入法庭，主审法官可决定是否允许直播。联邦法院对法庭录音录像则一直持抗拒态度。[②]

司法公开是杜绝暗箱操作的必需手段。2016 年年初的快播案庭审直播吸引了诸多百姓关注。"庭审直播多搞一点，对老百姓了解法律有好处，对提高司法人员的素质也是有好处的，形成倒逼机制。"2016 年 1 月，中央政法委书记孟建柱在广州与 19 位新闻媒体老总、资深媒体人座谈、问计司法改革和法治建设时如是说。2016 年 7 月 6 日，中国法院网与新浪网战略合作暨中国法院庭审公开网项目举行签约活动，由此，人民法院形成了裁判文书公开、审判流程公开、执行信息公开、庭审公开四大公开平台。最高人民法院副院长景汉朝在活动中对庭审公开的作用进行了概述，即庭审公开使司法公开从静态到动态，从传统庭审旁听的"现场正义"、报纸广播的"转述正义"，到电视和网络的"可视正义"，是一次质的飞跃。拉德布鲁赫说："司法依赖于民众的信赖而生存，任何司法的公正性，在客观性与可撤销性方面的价值观，决不能与司法的信任相悖。"[③]"2020 年，深化司法公开，裁判文书上网公开累计 1.2 亿份，

---

① 周强. 把中国法院网建设成为一流网站[EB/OL]. 中华人民共和国最高人民法院网，2014 - 06 - 06.

② 高一飞. 微博直播庭审推动司法公开[EB/OL].《南方周末》，2013 - 08 - 29.

③ 陈发桂. 重塑信用：论司法公信力的生成——以网络环境下公众参与为视角[J]. 学术论坛，2011(8).

庭审直播累计 1 159 万场,阳光司法机制产生深远影响,受到国内外广泛关注。"①庭审网络直播作为网络倒逼司法的具体体现,不仅可以在一定程度上推动司法公正,也可以通过民众和司法机关的良性互动提升司法公信力,形成均衡的评价体系,促进司法体制改革的作用得到应有发挥。

8.2.2　网络空间司法实践存在的问题

1. 司法控制的法律渊源不够充分

完善的立法体系是司法有效运行的基础与保障。目前,互联网企业或网民的行为除了受《中华人民共和国宪法》《中华人民共和国刑法》《中华人民共和国民法典》《反不正当竞争法》《广告法》等法律法规等约束外,还受到《互联网电子公告服务管理规定》《互联网信息服务管理办法》《关于对网络广告经营资格进行规范的通告》等规章和地方性法规等的约束。然而,针对互联网行业突飞猛进的发展,仍有待进一步完善和细化相关立法,例如,媒体监督法律体系缺乏诸如《新闻法》一类的专门化立法和法规规定,未成年人的网络保护有赖于《未成年人网络保护法》等专门法律的细化规制,司法实践中难以较为明确地行使相关权利。

美国的网络监控体系是全世界其他国家少有的严密与细致。在"9·11"事件后,美国出台了与网络发展相关的《爱国者法》与《国土安全法》,用以防控恐怖主义犯罪。鉴于这两部法律,美国公众在网络上的信息包括私人信息在必要情况下都可以受到监视。此外,美国政界还对美国《联邦刑法》《刑事诉讼法》《1978 年外国情报法》《1934 年通信法》等进行修订,授权国家安全和司法部门对涉及专门化学武器或恐怖行为、计算机欺诈及滥用等行为进行电话、谈话和电子通信监听,并允许电子通信和远程计算机服务商在某些紧急情况下向政府部门提供用户的电子通信记录,以便政府掌控涉及国家安全的第一手互联网信息。② 通过美国的实践经验可以看出,司法实践的理论基础对于实践效果具有强大的影响力,我国目前在网络空间安全治理的法律体系构建方面存在专门化立法缺失、存在灰色地带、立法体系不健全等问题,仍有较大提升空间。

---

① 周强. 最高人民法院工作报告——2021 年 3 月 8 日在第十三届全国人民代表大会第四次会议上.
② 张恒山. 透视美国互联网监管的主要内容和措施[J]. 中国出版,2010(13).

2.司法控制与新媒体监督的平衡

媒体监督行政、监督司法已成为信息时代和法治时代的必然产物,作为独立于立法、行政、司法之外的"第四权力",秉承着"尊重事实、公开公正"的原则,媒体对司法的合理监督确实可以对司法公正起到促进作用。然而现实社会中,并非所有的媒体监督都可以达到推动司法公正的效果,甚至会出现前文所述的舆论左右司法的想象,即"媒介审判"(trial by media),意指新闻媒介报道正在审理中的案件时超越法律规定,影响审判的独立和公正,侵犯人权的现象。①

新媒体的监督一方面可以对行政机关形成约束力,另一方面也受到行政和司法的约束,而在此层面上,媒体有时会缺乏合理的司法救济。随着新媒体的出现,政府对网络媒体的管控力相对来说有所下降,但仍有较大的控制权,也会对相关的不利报道进行网络监管和封杀。地方政府本着"家丑不可外扬"的"原则",使得本地媒体不敢报道当地丑闻,外地报道本地封杀。《南方周末》整顿前就经常被地方恶性抢购,而对该类行为,并无相关法律救济途径。我们需要"第四权力"的视角和敦促,但是应该如何把控监督权力的行使与保障媒体合法合理用权之间的平衡是当今政府和媒体面临的共同课题。政法部门与媒体不是敌对关系,司法进步需要媒体的监督,媒体的报道也需要客观公正,只有双方找到两种权力的平衡点,才能够准确发挥各自的作用,提升社会整体的法治意识。

3.司法滞后性带来不便甚至不幸

前文所提及的"魏则西事件"将百度竞价排名推向了风口浪尖。2016年5月9日,国家网信办会同国家工商总局、国家卫生计生委成立的联合调查组向社会公布了调查结果,提出要求百度做出严格审核商业推广服务、明示推广内容和风险、排名机制调整等多项整改要求。随着调查的深入和调查结果的公布,百度承诺将在5月31日之前落实六项整改措施,其中包括:立即全面审查医疗类商业推广服务;对于商业推广结果,改变过去以价格为主的排序机制,改为以信誉度为主、价格为辅的排序机制;控制商业推广结果的数量;对所有搜索结果中的商业推广信息进行醒目标识,进行有效的风险提示;加强搜索结果中的医疗内容生态建设,让网民获得准确权威的医疗信息和服务;增设10亿元保障基金,对网民因使用商业推广信息遭遇假冒、欺诈而受到的损失经核

---

① 魏永征.新闻传播法教程(第二版)[M].北京:中国人民大学出版社,2006:211.

定后进行先行赔付。然而"魏则西事件"并不是百度第一次因竞价排名被公众所关注。早在 2008 年 11 月,央视就曾对百度进行了连续两期报道,质疑百度竞价排名商业模式的合理性与百度自然搜索排名的公正性,然而,问题并没有得到根本解决,进而一步步走向了"魏则西事件"带来的恶果。当然,魏则西的不幸不能够全部归于百度的过错,但是百度竞价排名这一行为本身确实为网民带来了诸多不便与困惑。

4. 司法工作人员的法治意识有待于提升

信息时代司法工作的开展之所以遭遇瓶颈,不仅源于制度设计本身的问题,也与司法工作人员未能全面适应网络时代的要求有关。法律具有滞后性,现实生活中出现的新问题远比法律的规定具有挑战性,因此对司法工作人员的要求是可以紧跟时代潮流,做出正确判断。然而,我国正处于司法改革的初期,司法体系的人员结构存在水平不一、构成复杂等特点,并非所有的司法工作人员都可以抓住问题的重点进行合理分析并得出可行结论。由此导致网络司法控制不能较好地推行和发展,网民和政府的利益在一定程度上仍存有风险。"生活并不是都能齐整地装进我们的概念体系的。真实世界的法律运作并不是,而且——在我看来——永远不可能像教科书那样一板一眼。"①作为司法工作人员,必须具有浓厚的法治意识和较强的辨别和分析能力,学会在变化中适应时代的法治要求。

8.3　网络空间司法控制路径的完善

当今社会,网络安全已成为国家安全的重要影响因素,美国"棱镜门"事件的出现为世界各国的网络安全敲响了警钟。网络空间所面临的诸多问题的解决有赖于机制的构建和体系的重塑,既需要加强顶层制度设计,也需要民众的配合与遵从。信息技术革命日新月异,网络空间治理已成为一个新兴的无形战场,上至国家战略决策的出台,下至个人生活幸福指数的提升,网络空间治理带来了新的挑战,也提供了新的机遇。在完善我国网络空间的司法控制过程中,应认识到网络空间已从以个人意志为主逐渐向企业意志、商业目的转化,已不仅是个人意志表达的平台和窗口,因此应对"只破不立"的网络环境进行改造,从司法制度设计和程序实施上增强网络空间的安全性和科学性,防建

---

① 苏力. 也许正在发生——转型中国的法学[M]. 北京:法律出版社,2004:149.

结合，全民动员。网络空间司法控制的路径有多种走向，就前文所提出的问题而言，应从言论自由、司法监管、诉讼程序、工作方法等方面进行完善。

8.3.1   新媒体环境下言论自由的界限

就新媒体环境下的言论自由而言，其仍是宪法规定的人民基本权利，是发表政治言论和一般性意见的自由权利，是受法律保护的权利，是具有最高法律效力的权利，人们"对公共事务的讨论应当不受抑制、充满活力并广泛公开"①。只是随着社会的进步，言论表达的方式发生了变化，开始融入手机、互联网等新兴科技手段，使得现在的言论自由不仅可以通过报纸、书籍等进行传播，还可以通过手机、电视、网络、电影等高科技手段进行传播。詹姆斯·麦迪逊等在《联邦党人文集》中强调："必须进一步节制我们对人的智慧的力量的期望和信赖。"②言论自由权的行使也是同样的道理，必须在新媒体、新形势下适当合理地对其进行规制，才能更为充分地发挥其应有的作用。我国在2015年的《关于适用〈中华人民共和国民事诉讼法〉的司法解释》中将微博、手机短信等作为电子数据，纳入证据范畴，体现了我国在与时俱进地改进。从长远来看，出台以《新闻法》为代表的专门性法律是必然的。然而，在《新闻法》未出台之前，应该如何保障现阶段的第一权利言论自由呢？

一是接收批判的声音，树立全面的言论自由观。密尔曾在《论自由》中指出："压制意见的表达是一种特殊的罪恶，因为那是在掠夺全人类，既是掠夺现存的一代，也是掠夺后代；是掠夺持有那种意见的人，更是掠夺不同意那种意见的人。如果那种意见是正确的，他们就被剥夺了把错误改换为真理的机会；如果那种意见是错误的，他们就失去了一个差不多同样大的利益，也就是从真理与错误的冲突中所产生的对于真理的更加清楚的认识和更加生动的印象。"③言论自由"不仅保护正确的言论，也保护错误的言论，只要后者没有产生清楚与现存的危险"④。在美国，"言论自由"和"追求真理"之间有着明确界限，"言论自由只有一个目的，保证每个人能够说出他自己的声音，保证这个世界永远有不同的声音。而绝不是希望到了某一天，人们只发出一种声音，哪怕

---

① [美]安东尼·刘易斯. 批评官员的尺度——《纽约时报》诉警察局长沙利文案[M]. 北京：北京大学出版社，2011：1.
② [美]汉密尔顿，杰伊，麦迪逊. 联邦党人文集[M]. 北京：商务印书馆，1980：15.
③ [英]约翰·斯图亚特·密尔. 论自由[M]. 西安：陕西人民出版社，2009：15.
④ 张千帆. 张千帆：言论自由的宪法边界[EB/OL]. 共识网，2013-07.

公认为这是'真理的声音'"①。在新媒体环境下，应该出台具体的条文规定，对言论自由的范围加以更为细化的规定，同时，增强对于言论自由受压制的法律救济途径，打击恶意控制言论的行为，真正体现言论自由作为"第一权利"的重要性。

二是充分发挥"网络警察"和电子政务的作用。德国是世界上最早设立"网络警察"的国家，对危害性内容的传播进行严格监控。美国在国内外均拥有世界上最成熟的网络监控系统，其中，最为著名的就是"食肉动物系统"和"梯队系统"。② 我国公安系统也专门设有网监部门，在监督网络言论方面应充分发挥其作用，及时制止危害性言论的传播，根据其危害程度进行不同程度的惩罚。同时可以设立关联系统，将危害信息散播者名单进行整理并形成数据库，加强预防。需要注意的是，政府监督的对象不仅限于个人，也包括网站、运营商等公司、法人。对于违反相关规定的网站、运营商，应当追究其法律责任。

谈及言论自由，总离不开美国宪法第一修正案，然而，制作、传播和拥有儿童色情产品在美国均属于犯罪行为，并不受宪法第一修正案关于新闻和言论自由条款的保护。自 1996 年以来，美国立法部门通过了《通信内容端正法》《儿童在线保护法》和《儿童互联网保护法》等法律，对色情网站加以限制。根据《儿童互联网保护法》的规定，美国的公共图书馆都必须给联网计算机安装色情过滤系统，否则图书馆将无法获得政府提供的技术补助资金。美国联邦政府还成立了专门机构或启动专门项目打击互联网儿童色情。美国不少非政府组织也积极参与打击互联网儿童色情犯罪。③

无论是美国式较为广泛的网络监控体系，还是德国式较为严苛的网络监管制度，都是合理与消极并存的制度。我国在构建网络监管体系的同时，应根

---

① 林达. 言论自由的目的并非为追求真理[EB/OL]. 中华论坛，2010‑12‑30.

② "食肉动物系统"是美国司法部下属联邦调查局开发并使用的一套信息监控系统，当它被安装到互联网服务供应商的服务器上时，能够有效地监控特定用户几乎所有的网络活动，包括监测电子邮件和网络浏览的内容。该系统有着悠久的历史，其前身可以追溯到 20 世纪 70 年代联邦调查局的语音电话监控系统。"梯队系统"由三部分组成，第一部分是分布在地球同步轨道和近地轨道上的侦察卫星，负责监听全球各地的电话、传真以及网络通信信号；第二部分是分布在多个国家的 36 个地面监听站，这些监听站有着巨大的电子天线，负责接收侦察卫星发回的信号，并完成一部分辅助的监听；第三部分是美国国家安全局，所有收集的信息都最终统一汇总到那里进行分析。凭借先进的处理技术，该系统每天能够监听来自全球各地的近 30 亿次通讯。该系统最大的特点就是具有实施近似全面的监控能力。由卫星接收站和间谍卫星组成的系统几乎拥有能够拦截所有的电话、传真、互联网通信的能力。在全球，该系统能够监听任何一个人从任何地点发出的电子邮件，并实施拦截。

③ 张恒山. 透视美国互联网监管的主要内容和措施[J]. 中国出版，2010(13).

据本国国情制定和执行相应的政策，并把维护国家和网民利益作为制度构建的核心。因此，保障我国民众的隐私和个人信息受到合理合法对待，同时保障我国在国际社会的相关利益不受损害，是制定网络监管制度时应予以充分考虑的因素。

8.3.2 协调网络实名制与个人信息保护

微博实名制的实施受到了各方争议，支持者认为是规范网络言论自由的途径，反对者认为侵犯了公众的隐私权，会引起更多连带效应。网络实名制源于韩国，但是 2011 年 12 月 29 日，负责管理电信业的韩国广播通信委员会（KCC）提出计划，表示将从 2012 年起逐步废除已经实施了 4 年多的互联网实名制，世界上第一个实行网络实名制的国家宣告此项制度失败。究其原因，一是在 2011 年发生了史无前例的大规模信息数据泄露；二是限制公众批评的声音，造成互联网受众数量大减；三是减少网络诽谤等犯罪的成效并不显著。在我国，微博实名制并不是独创，我国铁路总公司官网（简称 12306.com）也实行实名制购票，但相比二者，不难发现实名制之间也是有分别的。12306.com 实行实名制购票是国有企业作为国家政策实施的一项制度，相对于由新浪公司和腾讯公司等民营企业管理的微博实名制来说，具有更大的诚信度和风险承担性，可以更好地管理和保护公众的信息安全，同时在发生信息泄露等紧急事件时有较快的应急措施，微博实名制缺乏相应的监管机制和承担风险的能力。

国家主席习近平指出："国家网络安全工作要坚持网络安全为人民、网络安全靠人民，保障个人信息安全，维护公民在网络空间的合法权益。"按照习近平总书记的要求，从 2011 年至今，我国在个人信息保护立法方面取得了丰硕的成果。2011 年，《中华人民共和国居民身份证法》（10 月 29 日修正）增加了个人信息保护条款；2012 年，全国人大常委会通过了《全国人民代表大会常务委员会关于加强网络信息保护的决定》；2013 年，工信部颁布了《电信和互联网用户个人信息保护规定》，《中华人民共和国消费者权益保护法》（10 月 25 日修正）增加了个人信息保护条款；2014 年，《最高人民法院关于审理利用信息网络侵害人身权益民事纠纷案件适用法律若干问题的规定》颁布；2015 年，《刑法修正案（九）》提高犯公民个人信息罪法定刑；2016 年，《中华人民共和国网络安全法》对个人信息保护做出规定；2017 年，《全国人大常委会执法检查组关于检查网络安全法、全国人大常委会关于加强网络信息保护的决定实施情况的报告》显示我国个人信息保护形势严峻；2018年，《中华人民共和国电子商务法》对个人信息保护做出规定；2019年，国家网信办、工信部、公安部、市场监管总局四部门（简称"国家四部门"）发布《关于开展APP违法违规收集使用个人信息专项治理的公告》，成立APP专项治理工作组，发布《APP违法违规收集使用个人信息行为认定办法》；2020年，《中华人民共和国民法典》写入个人信息保护条款；2021年，国家四部门发布《常见类型移动互联网应用程序必要个人信息范围规定》，十三届全国人大常委会第三十次会议表决通过《中华人民共和国个人信息保护法》。

然而，个人信息泄漏已成为我国网民时常经历的一种常态，良好的个人信息保护体系和监管机制仍未形成。关于微博实名制，不可否认的是，其可以在一定程度上增加公民的自我审查程度。为了更好地发挥其积极作用，应由相关部门明晰网络言论的合理范畴，明确对造成用户信息泄露的媒体的处罚，规定收集用户信息的民营企业须将相关情况提交政府有关部门备案，甚至可以将非国有企业的信息数据收集与公安等相关部门相连接，将数据统归国家机关管理。通过采取上述措施，能够更为适当地解决微博实名制所面临的困境，或是为整个网络实名制提供解决问题的路径。

在当前国际形势下，我国的互联网正面临更大的压力和风险，综合安全、整体安全、战略安全，牵一发而动全身。互联网＋时代下，犯罪与网络结合得更加紧密，网络犯罪案件数量大幅上升，网上违法信息传播蔓延，网民上网的安全感下降，关键信息基础设施防御能力亟待提升，我国网络安全立法应该从六个方面着手：树立新的网络安全观，加强顶层设计和统筹规划，兼顾网络安全保护和网络社会治理，明确政府、企业、用户各自的网络安全责任，加强行政立法与刑事立法的衔接，以及积极参与和推动网络空间国际立法。

8.3.3　利用网络平台，创新司法工作方式

"马云你好！我是警察蜀黍。恭喜你今天天猫交易额突破300亿！我们都为你感到骄傲！我的问题是，为什么天猫卖的200万条内裤连在一起会有3 000公里长？你们卖的内裤尺寸平均每条都有1.5米长吗？这种尺寸的内裤对购买者来说有什么意义？谢谢。"微博发送于2013年11月11日22时59分，获得近10万网友转发评论，而发出此微博的"@江宁公安在线"也成为广大网民口中的"史上最萌警察蜀黍"。

在进行网络言论监管的同时，行政机关、司法机关也可以通过政务微博、

政务微信等平台参与到网络言论之中，及时纠正不良言论风向。大数据形势下，如何更好地运营电子政务平台也是一门学问。2013 年下半年以来，"@江宁公安在线"结合法治环境新动态，以亲民卖萌的微博风格博得了民众的喜爱，粉丝大幅上涨，公信力不断提升，2014 年 5 月粉丝数突破 60 万人，截至 2016 年 5 月 3 日 15 时，江宁公安在线的微博粉丝数已达 1 780 503 人。"@江宁公安在线"作为政务微博，一反行政机关刻板、严肃的常态，以轻松、诙谐的语言与网民进行互动，主要具有以下特点：活泼亲民，互动性强；受众面广，认可度高；定位精准，特色鲜明；快速响应，重大突发事件第一时间推送消息。

人民日报、微博和人民网舆情监测室联合发布的《2014 年政务指数报告》显示，2014 年，经过新浪平台认证的政务微博达到 130 103 个，江苏以 10 025 个政务微博位居全国首位，"@江宁公安在线"排名十大公安系统微博第三，是江苏政务微博在各榜单中排名最高的之一。《2015 年度全国政务新媒体报告》显示，"@江宁公安在线"在政务机构微博总榜单中排名第二，仅次于"@公安部打四黑除四害"。由《2016 年第一季度政务微博排行榜》统计显示，江苏省和南京市分列 2016 年第一季度省份政务微博竞争力排行榜和城市政务微博竞争力排行榜榜首，"@江宁公安在线"在政务微博榜单中名列第三，与排名第二的"@共青团中央"总分相差 0.28 分（百分制）。近 3 年内，"@江宁公安在线"被网友@提问 500 多万次，帮助来自全国各地甚至海外人士答疑解惑。在信息网络高度发达的当今社会，如何有效进行信息筛选是网民面临的重大课题。在微信朋友圈里有个流传已久的割肾故事称有女生在酒后睡着后被人割走双肾，留下两条长达 9 厘米的伤口。"@江宁公安在线"不仅发长微博进行了辟谣，"婆婆"更是亲自上阵，晒出了自己亲身测量 9 厘米大小的上身照，赢得了网友的广泛关注。

目前政务"双微"正在加快融合，平台矩阵成为政务新媒体的发展趋势。在 Web 3.0 时代，政务微博正在发挥倾听民意、敦促政府信息公开、进行舆论监督、推动政府转型等方面的"微力量"。"@江宁公安在线"的成功源自其可以把握时代动态，紧跟世界脚步，将警务公开和高实效性作为江宁公安微博的首要目的，可以拉近普通老百姓与公安机关之间的距离，增强群众对警方的理解和信赖，可以找到与媒体恰当共处的平衡点。其经验表明，政务微博应找准着力点，形成自身特色，坚持"内容为王"，全面提升系统管理能力、快速响应能力和综合服务能力，发挥信息时代下电子政务应有的作用。

党的十八届四中全会描绘了全面推进依法治国的总蓝图。全面推进依法治国的总目标是建设中国特色社会主义法治体系，建设社会主义法治国家。

理想是人类奋斗的目标，是创造完美生活的原动力。作为安邦治国的法律，更有自己的理想，它不仅引领着法学的发展，而且这种理想的因子已经内化为现代文明不可分割的重要组成部分。法治精神体现了法治文化的价值取向，反映了现代人对公正、正义、自由的法治价值孜孜不倦的追求，它指引立法者去完善法律体系，引导行为主体走向善的行为方式，实现科学立法、严格执法、公正司法、全民守法，让法治行为方式最终成为人与人、人与政府、人与自然之间的基本行为方式和生活方式。政务微博的有效实施不仅可以适应"微时代"的信息化要求，方便快捷地进行官民互动，也是实践法治精神及推动法治国家、法治社会建设的重要环节。目前，江苏省的政务微博发展已走在全国前列，如何更好地使更多政务微博寻找到适当的发展模式和运营风格是一项值得研究的课题，也是"@江宁公安在线"的成功经验带给我们的思考。

8.3.4　加强程序推动力，完善电子证据制度

近年来，我国新修订的《中华人民共和国刑事诉讼法》《中华人民共和国民事诉讼法》和《中华人民共和国行政诉讼法》均将"电子证据"作为法定证据类型予以规定，确立了网络时代的新型证据种类。"电子"一词广泛应用于各国法律法规中：菲律宾的《电子证据规则》、加拿大的《统一电子证据法》、美国的《统一电子交易法》、英国政府的《电子通信法案》、新加坡的《1998电子交易法》乃至联合国的《电子商务示范法》均无一例外。我国采用"电子证据"作为证据种类之一，既是时代发展的需要，也是与国际接轨的表现。在我国司法实践中，电子证据作为新确定的证据类型，是否可能对原有的证据体系造成一定冲击？又该如何应对此类冲击？

何家弘教授认为，电子证据可作为信息世界的证据之王。[①] 在法治社会的背景下，应尽快建立与电子证据这一未来的证据之王相适应的证据规则和司法运用的规范，以满足打击不断产生的新型犯罪、保障公民的合法权益的需要。电子证据的采集由于技术原因可以满足原件拟制的条件，符合证据合法性、真实性的要求，在提取过程合法化的前提下，可赋予电子产品复制件与原件相同的证据地位，作为最佳证据规则的补充。此外，我国有关电子证据的取证程序与方法的规定是保障公民合法权益的前提，利用非法程序获得的证据，无论证据本身的真伪，都应予以排除。而在司法改革的过程中，鉴定机构的合

---

① 何家弘. 中国电子证据立法研究[M]. 北京：中国人民大学出版社，2005：6.

法运作与合理设置对于电子证据的取证和鉴别具有重要意义。新修订的《刑事诉讼法》引进了专家证人出庭制度，完善了刑事抗辩机制。

8.3.5 进行网络内容分级，完善司法管理机制

世界上对互联网内容进行分级管理的国家不在少数，如德国、美国、韩国等。德国的《广播电信媒体州际条约》和以之为基础形成的《青少年媒体保护州际条约》(Jugendmedienschutz-Staatsvertrag，简称 JMStV)是有关网络内容分级的主要法律。"2010 年 6 月，德国各联邦州州长共同批准了 JMStV 修正草案，一时引起了各国广泛关注。JMStV 修正草案的核心是将青少年媒体保护制度扩展至互联网，具体措施是，强制互联网内容提供者将自己提供的内容，按年龄组进行分类、标签，供家庭、学校等过滤。根据其第 5 条规定，所有影响儿童和青少年发展及对其进行自理和社交能力教育的内容，均应以'0 岁及以上''6 岁及以上''12 岁及以 上''16 岁及以上''18 岁及以上'为界线，划分为 4 个需要保护的等级。根据第 5 条(2)和第 19 条的规定，内容的'年龄分级'(Age rating) 标准由 KJM 认可的志愿自治组织负责。根据第 24 条(1) 4—5 和(3)之规定，违者将被处以最高 50 万欧元的罚款。"①

在我国，对网络内容进行分级一直属于讨论的范畴。《中国青年报》曾对 1 718 名公众进行在线调查，结果是 72.4％赞成网络分级，11.3％反对，44.5％认为网络分级可以有效保护孩子，62.1％希望采用技术手段实现网络内容分级与过滤。② 2009 年 6 月，工业和信息化部曾发布《关于计算机预装绿色上网过滤软件的通知》，但是由于软件过滤效果较差、技术较落后等原因未能实施。随着互联网的发展与更新，网络内容日益庞杂，对其内容进行分级管理不仅可以有效利用司法资源，也可以保障网民尤其是未成年网民的利益，增强社会管理的科学性。互联网内容分级制度在不同国家和地区有着不同的表现形式。我国网络内容分级制度可以由相关行业协会、社会团体等制定行业的内容分级标准，行政机关和司法机关通过对互联网企业进行内容区分和等级评定，划分为不同管理类型，进行监督和协调，对于学校和图书馆等公共网络领域，应进行专门的内容信息筛选过滤，以保障教育信息的纯净性。

---

① 杨攀. 我国互联网内容分级制度研究[J]. 法律科学，2014(2).
② 黄冲，娜迪亚. 调查显示 72.4％的人赞成网络分级[N]. 中国青年报，2010 - 01 - 07，第 7 版.

8.3.6 加快司法改革，提升司法人员的专业素养

2014 年 6 月 6 日，中央全面深化改革领导小组第三次会议审议通过《关于司法体制改革试点若干问题的框架意见》，标志着我国司法体制改革正式启动。截至 2015 年年底，全国共有 417 个法院纳入改革试点。从 2014 年至 2016 年 3 月，中央全面深化改革领导小组已经召开了 21 次全体会议，其中 15 次涉及司法改革议题，审议通过 27 个司法改革文件，最高人民法院 2015 年也出台了 22 个司法改革文件。按照中央重大改革先行试点的要求，中央统一部署了四项重大改革，即完善司法人员分类管理、完善司法责任制、健全司法人员职业保障、推动省以下地方法院人财物统一管理。近年来，最高人民法院"深化司法责任制综合配套改革。完善权责一致的审判权力运行机制，补短板、强弱项，确保放权与监督相统一。完善法官员额管理制度和配套保障机制，实现能进能出、良性运行。健全审判权责清单制度，压实院庭长审判监督管理职责，完善'四类案件'识别监管机制，确保制约监督覆盖审判执行的全流程、全领域。健全统一法律适用标准机制，建立类案检索初步过滤、专业法官会议研究咨询、审判委员会讨论决定的法律适用分歧解决机制。要求高级法院制定审判业务文件和发布参考性案例必须向最高人民法院备案，防止不同地区审判标准出现不合理差异"[①]。

作为司法改革的重要内容之一，对司法工作人员专业素养的要求渗透在此次改革的各个环节。信息时代对于司法人员的要求不仅在于熟练掌握计算机和互联网的基本操作，更是对与互联网发展相关的案件的处理提出了更高的要求。国家司法考试改革也是此次司法体制改革的重要内容之一，对司法从业人员的专业化要求不仅是为了适应法治社会发展的要求，也是为了满足网络社会发展的需求。无论是建立巡回法庭还是确立案件终身负责制，都是对司法工作人员的更高要求。精准把握案件、准确做出裁判是对新时代司法人员的基本要求，也是司法公正的前提条件。2020 年，全国法院系统以习近平的法治思想作为自己工作的根本遵循，把建设一支高素质的法官队伍作为法治工作的一个重要目标。为此，"提升司法能力。突出实战实用实效导向，让干警在服务和保障抗疫斗争、化解矛盾纠纷、攻坚改革难题中受考验、长才干。认真落实法官法，修订法官教育培训工作条例，培训干警 320.8 万人次，

---

① 周强. 最高人民法院工作报告. 2021 年 3 月 8 日在第十三届全国人民代表大会第四次会议上.

加强实践锻炼和专业训练。推进审判专业化建设,加强涉外、知识产权、互联网等审判人才培养,大力发现培养选拔优秀年轻干部"①。

8.4 本章小结

纵观中国的法治历史,古人对法律理想的描述甚是精彩,有人认为"刑期无刑"是法律的最高理想,如《书经·大禹谟》篇说:"汝作士,明于五刑,以弼无教,期于予治,刑期于无刑,民协于中,时乃功,懋哉。"在孔子看来,"讼期不讼"为法律的理想,所以他说:"听讼,吾犹人也;必也使无讼乎。"在整个思想繁荣的先秦时期,集法家之大成的法学理论家韩非对法律理想的概括代表了法律理想的最高境界:"至安之世,法如朝露,纯朴不散,心无结怨,口无烦言。故车马不疲蔽于远路,旌旗不乱于大泽,万民不失命于寇戎,雄骏不创寿于旗幢。豪杰不著名于图书,不录功于盘盂,记年之牒空虚。"(《书经·大体》篇)从这短短的 72 个字来看,不仅内容非常充实,而且意境无比崇高伟大,充分表达了一个法律人所追求的法律最高理想。②

习近平总书记在 2016 年的网络安全和信息化工作座谈会上指出,网信事业的发展"必须贯彻以人民为中心的发展思想","让亿万人民在共享互联网发展成果上有更多获得感"。"以人民为中心""让人民更有获得感"就是要在网络空间中保障人民的权益。而司法作为维护社会公平正义的最后一道防线,其构建和完善是人民权益的最坚实有力的保障,也是终端保障。生活在网络时代,我们不得不面临困境与契机并存的局面。网络的发展将我们带入了"大数据时代",司法改革使我们迎来了法治的春天。今天,民众可以通过互联网举报官员贪污腐败,可以进行网络投票参与社会事项,可以在第一时间知晓重大庭审的动态……良好的司法氛围与和谐的网络环境同样重要,二者相辅相成,共同影响着社会主义法治中国的建成。我们应正视网络空间的现存问题,发挥司法终端保障的作用,创建制度,提升管理,改进方式,增强意识,早日形成具有中国特色的网络空间司法体系,维护我国网络安全和国家安全,保障网民的合法权益。

---

① 周强. 最高人民法院工作报告. 2021 年 3 月 8 日在第十三届全国人民代表大会第四次会议上.
② 孙曙生. 法律的理想与作用[N]. 检察日报,2011 - 06 - 02,第 3 版.

9 网络空间的权利表达自由与规制架构

自由和秩序是辩证统一的关系,任何个人超出法律的范围行使自由权,都会对秩序造成侵犯。在人人都有"麦克风"的自媒体时代,世界范围内侵害个人隐私、侵犯知识产权、网络犯罪等时有发生,网络监听、网络攻击、网络恐怖主义活动等成为全球公害。网络空间不是法律的盲区,在网络空间行使权利、表达自由必须受到法律的限制。在 2015 年 12 月 16 日的第二届世界互联网大会上,习近平总书记发表主旨演讲,他指出:"自由是秩序的目的,秩序是自由的保障。我们既要尊重网民交流思想、表达意愿的权利,也要依法构建良好网络秩序,这有利于保障广大网民合法权益。网络空间不是'法外之地'。网络空间是虚拟的,但运用网络空间的主体是现实的,大家都应该遵守法律,明确各方权利义务。要坚持依法治网、依法办网、依法上网,让互联网在法治轨道上健康运行。同时,要加强网络伦理、网络文明建设,发挥道德教化引导作用,用人类文明优秀成果滋养网络空间、修复网络生态。"[①]在寻求网络空间的权利表达自由与规制平衡的过程中,既要注重制度框架的构建,也要注重网民法治意识和道德修养的教育,还要充分利用科学技术的力量,从立法、执法、司法等不同环节进行约束。

9.1 网络空间权利表达的自由与秩序的冲突

人类对自由的探讨与追求由来已久,作为信息时代表达自由的新兴体现,

---

① 中共中央党史和文献研究院编. 习近平关于网络强国论述摘编[M]. 北京:中央文献出版社,2021:155.

网络空间的权利表达自由日益成为新时期探讨自由的焦点。人的世俗生活和精神领域都无法安宁时，往往需要哲学家们反思已有制度和意识形态体系，重新建构秩序并提供新思路。不同学派分别从不同角度予以阐述，古典自由主义主张限制政府权力，保证人民权利，解决了国家起源和政权合法性问题。新自由主义提倡捍卫个人权利，国家干预经济和扩大公民权利，扩大国家职能，重建福利国家。个人权利如何通过国家来保护，与自由主义的基础个人主义发生矛盾，个人主义不会导致秩序，个人解决不了公平问题，需要国家对经济的干预，扩大国家权力，这就产生了自由主义的悖论。准确把握网络表达自由的法理基础及其与其他自由的关系，不仅可以充分明确其价值，也可以更加全面地认识到网络空间的自由与秩序的冲突。

9.1.1　自由、表达自由与网络表达自由

1. 自由——人类社会永恒的追求

自由与法律的关系十分紧密，自由是法律的重大价值，早在古希腊和古罗马时代，许多学者就提出了自己的关于法律下的自由的见解。亚里士多德曾说："公民们都应遵守一邦所定的生活的规则，让个人的行为有所约束，法律不应该被当作（和自由相对的）奴役，法律毋宁是拯救。"[①]西塞罗更进一步提出了"为了得到自由，我们才是法律的臣仆"的名言，对法律与自由的关系做出了辩证的阐释。

近现代的资产阶级的学者对法律与自由做了空前广泛而详尽的论述。霍布斯认为，"人类天然之自由，必须由国法为之节制，盖国法之存在，此实为其目的"[②]，是指自由的个人权利是国家权力的基础。斯宾诺莎第一次将自由与必然相结合，从唯理的原则去思考自然界的必然性与自由之间的关系，认为自然界被必然所支配，从而提出自由是被意识到的必然性这一辩证的哲学思想。被称为"近代自由主义的创始人"的洛克在霍布斯和斯宾诺莎自由观的基础上进行衍深，指出"法律按其真正的含义而言与其说是限制还不如说是指导一个自由而有智慧的人去追求他的正当利益，法律的目的不是废除或限制自由，而是保护和扩大自由"[③]。杰斐逊直接继承了洛克天赋人权的"自然权利"观，由

---

① ［古希腊］亚里士多德. 政治学阅［M］. 北京：商务印刷馆，1965：276.

② ［英］霍布斯. 利维坦［M］. 北京：商务印刷馆，1934：174.

③ ［英］洛克. 政府论（下）［M］. 北京：商务印刷馆，1983：35－36.

他起草的《独立宣言》以天赋人权为立足点,以自然权利的至上性否定英国殖民统治的合法性。马克思曾对剥削阶级的法律对人民自由的压制明确指出,"法律不是压制自由的手段,正如重力定律不是阻止运动的手段一样。法律是普遍的、肯定的、明确的规范,在这些规范中自由的存在具有普遍的、理论的、不取决于个别人的任性的性质。法律就是人民自由的圣经"①。"哪里的法律成为真正的法律,即实现了自由,哪里的法律就真正实现了人的自由。"②马克思针对犹太人问题说:"自由就是从事一切对别人没有害处的活动的权利。每个人所能进行的对别人没有害处的活动的界限是有法律规定的,正像地界是由界标确定的一样。"③

　　哈耶克继承了前述理论家们对法律与自由关系的论述,直接得出了自由就是法律的目的的结论,认为法就是作为理念的自由。他的所有的对于法治的论述都是为了自由这个目的而服务的。但哈耶克的自由观与他们又有很大的不同,主要在于他的法律观的不同。哈耶克在《自由秩序原理》第一章"自由辨"中开宗明义地指出:"本书乃是对一种人的状态(condition)的探究;在此状态中,一些人对另一些人所施以的强制(coercion),在社会中减至最小可能之限度。在本书中,我们把此一状态称之为自由状态。"④此论断是哈耶克自由思想的核心与基石,在此,他提出了自由的基本观念,即自由是一种免于强制的状态。哈耶克的这一观点看似简单,实际上却包含着丰富的内涵,它大致包括两方面的内容:第一,自由在于免于强制;第二,自由是一种状态。在这里,"自由仅指涉及人与他人的关系,对自由的侵犯亦仅来自人的强制"⑤。他说:"自由首先意味着自由的个人不服从专横的强制。但是就生活在受到保护免于这种强制的社会里的人而言,也需要对所有的人施以某种限制,使他们不能去强制别人。正如康德的精彩表述所示,只有使每个人的自由程度未超过可以与其他一切人的同等自由和谐共存的范围,才能够使所有的人都享有自由。因此,自由主义的自由观必然是一种法治的自由观,它限制每个人的自由,以便保障一切人享有同样的自由。"⑥

　　2. 表达自由

　　关于表达自由,不同学者有不同的界定,有学者"还称其为:表现自由、表

　　①　马克思恩格斯全集第1卷[M]. 北京:人民出版社,1974:71.
　　②　马克思恩格斯全集第1卷[M]. 北京:人民出版社,1974:72.
　　③　马克思恩格斯全集第1卷[M]. 北京:人民出版社,1974:438.
　　④　[英]弗里德里希·冯·哈耶克. 自由秩序原理上[M]. 邓正来译. 北京:三联书店,1997:15.
　　⑤　[英]弗里德里希·冯·哈耶克. 自由秩序原理上[M]. 邓正来译. 北京:三联书店,1997:5.
　　⑥　[英]弗里德里希·冯·哈耶克. 自由秩序原理上[M]. 邓正来译. 北京:三联书店,1997:340.

述自由、表达意见的自由、表达思想的自由、意见自由、头脑自由、意志表达自由。此外,个别人还将其称为思想自由、精神自由。有人干脆以言论自由指称表达自由"①。《公民权利和政治权利国际公约》第 19 条规定:"1. 人人有权持有主张,不受干涉。2. 人人有自由发表意见的权利;此项权利包括寻求、接受和传递各种消息和思想的自由,而不论国界,也不论口头的、书写的、印刷的、采取艺术形式的或通过他所选择的任何其他媒介。"由此对表达自由的内涵进行了较为明确的界定。表达自由概念具有较大的外延包容性,既可以涵盖传统意义上的言论自由、出版自由,还可以容纳使用新型表达形式的网络表达自由和艺术性质的视觉或形体表现方式。②

学者杜承铭认为,表达自由存在于三种意义层面,一是微观层次的表达自由。它仅是言论、讲学、著作、出版、艺术、绘画等自由的合称。这种表达自由不包括集会、游行、示威自由,更不包括投票、选举自由在内。二是中观层次的表达自由。它不仅包括微观层次的以言论为主要内容的表达自由,而且包括集会、游行、示威、结社自由等这样一些激烈的表达自己意见的形式。三是宏观层次的表达自由。此种表达自由除了以上两个层次的表达自由之外,还把政党和政党活动的自由、投票选举的自由也包括进来。③ 甄树青教授在其《论表达自由》一书中对表达自由的宪法属性进行了分类阐述:我国多数学者认为"表达自由"属于政治自由,也有部分学者认为"表达自由"属于精神自由,④并进行了细化分类,即信教自由、意见自由、集会自由、结社自由。⑤ 除此以外,有影响的学说还包括诸如人身权利说、公共自由说、社会行为自由说等。

3. 网络表达自由

网络空间的权利表达自由主要体现在网络言论的自由发表。言论自由作为一项基本的宪法权利为公众所熟知,一直受到人们的极大重视,它包含政治自由、人身自由和精神自由。这一自由最早可以追溯到古希腊雅典的公民大会。近代西方言论自由的奠基者、英国著名诗人、民主斗士约翰·弥尔顿在1644 年的《论出版自由》一书中写道:"言论自由是每个公民与生俱来的合法权利,是一切伟大智慧的乳母。"⑥随着现代民主的发展,各国宪法中有关言论

---

① 甄树青. 论表达自由[M]. 北京:社会科学文献出版社,2000:11.

② 朱国斌. 论表达自由的界限(上)——从比较法、特别是普通法的视角切入[J]. 政法论丛,2010(6).

③ 杜承铭. 论表达自由[J]. 中国法学,2001(3).

④ 甄树青. 论表达自由[M]. 北京:社会科学文献出版社,2000:66-81.

⑤ 王世杰,钱端升. 比较宪法[M]. 北京:中国政法大学出版社,1997:67.

⑥ [英]约翰·密尔顿. 论出版自由[M]. 吴之椿译. 北京:商务印书馆,1958:44.

自由的明确规定越来越多。美国宪法修正案第 1 条规定："国会不得制定关于下列事项的法律：确立国教或禁止宗教活动自由；剥夺言论或出版自由；剥夺人民和平集会和向政府诉冤请愿的权利。"我国《宪法》第三十五条明确规定："中华人民共和国公民有言论、出版、集会、结社、游行、示威的自由。"而伴随着互联网技术的产生和发展，网络空间成为民众发表言论的另一重要领域，网络空间的言论自由表达权的保障成为法治建设和社会管理面临的新课题。

9.1.2　网络空间权利表达自由的价值

美国联邦法院大法官布兰代斯（Louis Brandeis）曾对言论自由的价值做过一个简洁而集中的概括，被视为言论自由价值的一个经典性表述："我们的建国者认为自由既是手段也是目的。他们相信快乐的秘诀在于自由，而自由的秘诀在于勇气。他们相信自由的思想以及如你想的那样说，对于发现和传播政治真理是必须的途径。缺少言论和集会自由，讨论将变得毫无意义；有言论和集会自由，公共讨论就可以抵抗邪说之散布流行。……秩序不能建立在对刑罚的畏惧上，这对于自由思想、未来的希望和想象都是危险的。……长久的安定依赖于人们自由地表达不满以及提出补救的方法。他们相信公共讨论的力量，避免了法律强制手段带来的沉寂。正因为他们认识到了强权统治的可能，他们才修订了宪法保证言论和集会的自由。"①

1. 保障人权价值

"要求自由的欲望乃是人类根深蒂固的一种欲望。"②言论自由是宪法赋予公民的基本权利，网络言论自由表达权的行使为维护公民正当权利提供了正向推动力。言论自由的基本价值在于通过对个人权利的保障实现个人发展。在互联网出现前，公众与媒体和政府的信息存在不对等性，双方的话语权也由此走向不平衡。互联网的发展使更多公众可以快捷地行使自身话语权，掌握发表意见的主动性。同时，网络空间发表言论自由也体现了对民众的知情权的保障，体现了依法治国的要求和落实，促进了政府公开透明管理。

然而，我们也应认识到网络言论自由并非绝对自由，对表达权和知情权的保障并不意味着发表言论是绝对不受约束的，正如博登海默所说："如果我们

_____

① Whitney v. Brandeis. Concurring Opinion[M]. California, 274 U. S. 357:1927(375).
② ［美］博登海默. 法理学：法律哲学与法律方法[M]. 邓正来译. 北京：中国政法大学出版社，2004：298.

从正义的角度出发,决定承认对自由权利的要求乃是根植于人类自然倾向之中的,那么即使如此,我们也不能把权利看作一种绝对的和无限制的权利。任何自由都容易为肆无忌惮的个人和群体所滥用,因此为了社会福利,自由必须受到某些限制,而这就是自由社会的经验。如果自由不加限制,那么任何人都会成为滥用自由的潜在受害者。"①因此,在保障话语权和知情权的同时,我国对网络的监管不断加强,实行实名制,督促网民自我约束,合法有度地在网络空间发表言论。

2. 政治民主价值

美国著名学者卡尔·科恩认为:"对民主来说,最重要的言论自由有建议的自由和反对的自由。"②从公共福祉的层面来看,网络空间具有开放性、互动性、灵活性,相较于传统的管理方式而言,为民众聚焦时政热点、参与公共事务等行为提供了更为便捷、高效的方式和发表自身观点的场所。实践经验表明,民主愈发达、自由观念愈是深入人心的国家,发表言论途径愈多样化,网络言论发表愈理性化,互联网的出现对于他们而言只是既有媒体及言论表达方式的补充和延伸。而在民主化建设有待完善和提升的国家,互联网相对宽松的环境可以有力推动民主化进程,为民意表达提供一个新的"出口",对其合理利用可以成为人们介入现代政治生活的重要工具。

然而需要注意的是,网络舆论并不等同于民意。民意是社会整体性的普遍认识,而网络舆论并不能完全代表人民群众一致的心理活动,在网上发言的网民也并不等同于"人民群众"。虽然中国互联网络信息中心发布的第 48 次《中国互联网络发展状况统计报告》显示,截至 2021 年 6 月,我国网民规模达 10.11 亿人,较 2020 年 12 月增长 2 175 万人,互联网普及率达 71.6%。10 亿用户接入互联网,形成了全球最为庞大、生机勃勃的数字社会。我国居民上网人数如此庞大,但是受网民与非网民的构成、网民在网络空间的活跃度等因素的影响,对我国网络舆论的认知仍需客观、中立,既要发挥其窗口作用,也要充分认识到其可能存在的局限。

3. 社会润滑价值

罗斯科·庞德在《通过法律的社会控制》一书中将法律的目的归于正义,并将利益分为"个人利益""社会利益""国家利益"三种。言论自由在维护个人

---

① ［美］博登海默. 法理学:法律哲学与法律方法［M］. 邓正来译. 北京:中国政法大学出版社,2004:302-303.

② 转引自甄树青. 论表达自由［M］. 北京:社会科学文献出版社,2000:119.

利益的同时,也是缓和社会矛盾的重要手段之一,网络空间权利表达自由可以保障民众行使表达自由、言论自由的合法权利,表达意愿、释放不满,从而满足其心理诉求,减少可能的社会矛盾,提供政治手段和法律手段之外解决问题的路径。当然,网络空间权利的非正常表达会对社会秩序和公民利益甚至国家利益造成损害,造成信息筛选的混乱,扰乱视听,但是不能就此因噎废食。我国近代思想家李大钊认为:"假使一种学说确与情理相合,我们硬要禁止他,不许公然传布,那是绝对无效的。因为他的原素仍在情理之中,情理不灭,这种学说也终不灭。假使一种学说确与情理相背,我以为不可禁止,不必禁止,因为大背情理的学说,正应该让大家知道,大家才不去信。若是把它隐蔽起来,很容易有被人误信的危险。"①网络空间权利的正确表达对于社会利益之间的摩擦仍具有润滑作用。

9.1.3 网络话语权引发的秩序失范

诚然,我们应当保护个体发声的权利,"人类成为高贵而美好的思考对象,并不是通过将其自身的一切个性都销蚀为整齐划一,而是通过在他人权力和利益所施加的范围内培养个性和发扬个性"②。然而这种自由不应是扰乱正常社会管理秩序和侵犯他人权利的。德国哲学家康德曾说过:"世间有两样东西最为神圣,一是我们头顶之上的灿烂星空,一是自己内心永恒的道德准则。"可是网络时代的公民有时会降低社会道德和自律要求,将网络当成话语的垃圾场,带来了诸多引发社会矛盾的失范问题。

1. 侵犯公民合法权益

自 2001 年微软"陈自瑶事件"开创了人肉搜索的先例起,15 年来"人肉搜索"的事件层出不穷:奥运冠军寻父事件、铜须门事件、王菲姜岩案、天价头事件……有人说:"如果你爱他,把他放到人肉引擎上去,你很快就会知道他的一切;如果你恨他,把他放到人肉引擎上去,因为那里是地狱。""人肉搜索既是对被搜索人个人信息的披露,也是对被搜索人行为的惩罚。当前中国的人肉搜索事件大致可以分为两大类型:第一类涉及搜索官员以及公众人物;第二类事关社会道德问题,此类人肉搜索一般是网民对侵犯其道德情感的人物及其行

---

① 李大钊. 危险思想与言论自由. 载夏中义主编. 人与国家[M]. 桂林:广西师范大学出版社,2003:161.

② [英]约翰·斯图亚特·密尔. 论自由[M]. 赵伯英译. 西安:陕西人民出版社,2009:51.

为进行搜索和谴责的行为。该类型的人肉搜索又可以区分为两种：第一种是以'虐猫事件'为代表的挑战社会的特定群体的人肉搜索事件（在某种意义上，'虐猫事件'侵犯了动物保护主义者的道德情感）；第二种构成了中国人肉搜索的主体类型：性道德和婚姻道德问题，它大多涉及婚外情等涉及家庭安全和家庭价值的事件。"①

之所以说人肉搜索侵犯了公民的隐私权是因为隐私权所保护的内容是与公共利益无关的私人生活，包括私人生活的安宁、私人信息、私人活动以及私人空间，人肉搜索擅自公开、传播他人的私人信息，破坏了他人私人生活的安宁权。"我国首次明确将隐私权规则适用于人肉搜索案源于王菲姜岩案，考虑到信息传播速度和范围，法院认为网上信息披露行为在将个人信息传播到互联网上，使得信息超出特定人的范围而为不特定人所知晓，即构成隐私权侵犯行为。"②隐私权作为我国民法领域保护的公民基本权利，在涉及公众人物时存在一定的伸缩空间，但对于绝大多数普通民众而言，不应受到任何人以任何方式予以侵犯。

除了"人肉搜索"之外，网络空间的侵犯隐私权行为还表现在个人信息泄露插件的疯狂入侵、盗取个人信息的网络病毒层出不穷、通过不法手段获取网络信息进行贩售、进行"裸贷"等。上述种种均涉及网络隐私权的保护问题。"黑客通过非授网络隐私权的登录等各种技术手段攻击他人计算机系统，窃取和篡改网络用户的私人信息，而被侵权者很少能发现黑客身份，从而引发了个人数据隐私权保护的法律问题。大批专门从事网上调查业务的公司进行窥探业务非法获取、利用他人隐私。网络公司为获取广告和经济效益，通过各种途径得到用户个人信息，后将用户资料大量泄露给广告商，而后者则通过跟踪程序或发放电子邮件广告的形式来关注用户行踪。"③总的来说，目前互联网领域的侵犯隐私权行为主要表现在黑客的攻击、专门的网络窥探业务、垃圾邮件泛滥等方面。2013年11月26日，联合国通过由巴西、德国发起的保护网络隐私权决议。

2. 扰乱社会管理秩序

互联网技术的创新和扩散决定了网络空间的生存状态和发展走向，网络

---

① 刘晗. 隐私权、言论自由与中国网民文化：人肉搜索的规制困境[J]. 中外法学. Vol. 23, No. 4, 2011：(871).

② 刘晗. 隐私权、言论自由与中国网民文化：人肉搜索的规制困境[J]. 中外法学. Vol. 23, No. 4, 2011：(871).

③ http://baike.baidu.com/view/49910.html）；2008 - 04 - 20.

话语的失范不仅会对公民个人产生负面影响,而且会对社会管理秩序的诸多方面带来不良干扰。一方面,网络空间已成为世界各国争相占领的新战场。西方资本主义国家倚仗其科技和话语优势利用互联网传播反动信息,诱导不明真相的网民,试图进行文化渗透。与此同时,一些邪教、民族分裂势力也在网络环境下传播其歪理邪说,甚至发布指令,诱骗不明真相的群众干扰社会的正常秩序。另一方面,随着电商的兴起,网络消费中的不诚信现象屡见不鲜,商业广告垃圾邮件屡禁不止,甚至通过黑客进行商业机密的窃取,网络相关的经济领域出现了妨碍市场经济发展的新问题。微商的层出不穷也带来了诸多社会矛盾:侵犯知识产权、销售伪劣商品、欺诈消费者等。不仅是对消费者权益的侵犯,也是对市场经济秩序的破坏。此外,由于网络具有虚拟性和扩散性,网络言论的发表往往不受控,对不当言论的把控往往滞后于其传播速度。虽然各相关部门都在一定程度上建立完善了重大事件应急预案,但是能够把网络信息传播控制在合理范围内、尽量减缓事件发酵速度的毕竟是少数。

近年来,随着网络直播的兴起,利用网络扰乱社会秩序的行为也出了新花样。"2016年6月,广州地铁警方接到广州地铁公司报案,称有人在地铁列车上多次实施违反《广州市城市轨道交通管理条例》行为,对地铁运营秩序及客流秩序造成了影响。经查,5月26日,肖某策划在地铁内进行'炒作'行为,3人于当日17时逃票进入广州地铁四号线,在列车内晾挂衣服,摆放桌子,由肖某和助手王某进行玩骰子、饮酒行为,另一助手杨某进行拍摄并上传网络。6月27日,肖某在广州地铁五号线车厢内假装睡觉,后故意碰撞同座的一名女性乘客身体,造成女乘客受惊离开,杨某拍摄视频并上传网络。6月28日,肖某在广州地铁四号线车厢内,高声喊叫'我爱范某某'等语句,惊扰其他乘客,该行为由杨某拍摄视频上传网络。"①经警方审查,某网络直播网站主播肖某涉嫌扰乱公共秩序,被警方依法处以行政拘留处罚,其助手杨某被处以警告处罚。

3. 影响司法独立

言论自由是"民主的生命之血",司法独立则是司法公正的基石。媒体与司法的关系既是两个行业发展的常规矛盾,也是法治国家需要解决的重要课题,二者涉及新闻出版自由与司法独立的两大重要价值,在某种程度上体现的是国家的法治水平和治理能力。"司法独立的意义在于是司法机关公正解决人们争议问题的需要,是人们对司法机关信任的前提;其内容包括:司法活动

---

① 李栋. 原是网络主播炒作[N]. 广州日报,2016-07-01,第A16版.

过程的排他性、所排除的干扰通常具有权力性或政治性、维护独立的自觉性；司法独立的国际标准是司法权独立与法官独立。"①司法独立与媒体监督并不是敌对的对立关系，媒体对司法工作的合理监督可以敦促司法公正，符合司法改革的题中之意，是预防和治理腐败的重要手段，司法机关对于媒体的正当监督应当予以重视。

网络舆论可以体现公民言论自由权利的行使，也可以在一定程度上监督和预防司法腐败，然而媒体的监督"越位"，也造成了扰乱司法审判的负面效果，非理性的言论有可能形成"舆论暴力"，甚至妨碍司法公正，形成"道德审判""媒体审判""网络审判"。《2015 年中国社交应用用户行为研究报告》指出，我国社交用户中网络重度用户较多，社交应用导流入口效应凸显。在此背景下，网民对时政和司法的关注不得不引发高度重视。而无论是之前的"李天一案""吴英案"等已审结案件，还是目前仍处于调查阶段的"雷洋案"，都多少受到了舆论的影响，似乎重大案件都要先在网络领域审判一次，才能进入司法程序。公众对案件的关心和监督是社会进步的表现，也理应保护民众的网络言论自由发表的权利，但是当网络舆论成为左右司法的因素时，不仅是对法治建设的阻碍，也是对网民自身表达权利的破坏。媒体监督造成负面影响的原因主要在于，新闻媒体与审判机关行政化、利益驱动、媒体监督司法的法律空白和司法改革的停滞化。

9.2 我国对网络空间权利表达自由的保护与规制

之所以限制网络空间自由发表言论的权利，是为了协调平衡与其他社会利益和个人利益的关系，而对网络空间权利表达自由的保护与规制是对立统一的。我国古代对言论自由的限制相当严厉，从秦始皇时期的"焚书坑儒"到汉武帝时期的"独尊儒术罢黜百家"，再到明清时期的"文字狱"，无一不显示出封建社会压制人民言论自由的特点。首次明确规定了"中华人民共和国公民有言论、出版、集会、结社、游行、示威的自由。国家供给必需的物质上的便利，以保证公民享受这些自由"是在 1954 年颁布的《宪法》第八十七条。目前，有关我国网络言论自由的宪法来源主要来自《宪法》第三十五条："中华人民共和国公民有言论、出版、集会、结社、游行、示威的自由。"有关网络空间权利表达

---

① 胡晓菲. 论我国媒体舆论与司法独立的冲突和平衡[D]. 2013.

自由的保护与规制体现在立法、行政、司法的不同环节。经过近些年来的努力,我国已形成了立法为主、行业自律和技术治理为辅的网络管理格局。

9.2.1 我国对网络空间权利表达自由的管理现状

1. 立法保障

法律制度真正的益处在于其能确保有序的平衡,通过网络立法对网络空间进行管理是我国的主要规制手段之一。目前,我国仅国家层面制定的关于互联网管理的法律、法规、司法解释和规范性文件就达 370 余部,涉及全国人大及其常委会制定的法律、国务院制定的行政法规、国家有关业务主管部门制定的行政规章及司法解释等不同主体和效力的法律法规类型,是互联网管理和运营的重要法律渊源。自 20 世纪 90 年代以来,我国相继出台了《计算机信息网络国际联网管理暂行规定》《互联网信息服务管理办法》《信息网络传播权保护条例》《互联网新闻信息服务管理规定》《电子出版物管理规定》等法律法规,对互联网信息服务的内容、网络新闻刊载范畴、网络著作权保护等进行了限定,对不同网络主体的网络权利发表自由产生了保护与规制。

2004 年 9 月 2 日,最高人民法院和最高人民检察院联合发布了《关于办理利用互联网、移动通讯终端、声讯台制作、复制、出版、贩卖、传播淫秽电子信息刑事案件具体应用法律若干问题的解释》。2010 年 2 月 2 日,最高人民法院和最高人民检察院在上述司法解释的基础上进行补充修改,联合发布了《关于办理利用互联网、移动通讯终端、声讯台制作、复制、出版、贩卖、传播淫秽电子信息刑事案件具体应用法律若干问题的解释(二)》,规定"利用互联网、移动通讯终端、声讯台制作、复制、出版、贩卖、传播内容含有不满十四周岁未成年人的淫秽电子信息,依照《刑法》第三百六十三条第一款的规定,以制作、复制、出版、贩卖、传播淫秽物品牟利罪定罪处罚。……制作、复制、出版、贩卖、传播淫秽电影、表演、动画等视频文件十个以上的或音频文件五十个以上等情形,依照《刑法》第三百六十三条第一款规定定罪处罚"。

为保护公民、法人和其他组织的合法权益,维护社会秩序,最高人民法院、最高人民检察院于 2013 年 9 月 9 日联合发布了法释〔2013〕21 号《关于办理利用信息网络实施诽谤等刑事案件适用法律若干问题的解释》(以下简称《解释》)。该《解释》共十条条文,主要包括以下六个方面的内容:① 利用信息网络实施诽谤犯罪的行为方式、入罪标准、适用公诉程序的条件;② 利用信息网络实施寻衅滋事犯罪的行为方式及具体认定；③ 利用信息网络实施敲诈勒索犯罪的行为方式及具体认定；④ 利用信息网络实施非法经营犯罪的行为方式及数额标准；⑤ 所涉共同犯罪和犯罪竞合的处理；⑥ 对信息网络的含义进行了明确界定，包括以计算机、电视机、固定电话机、移动电话机等电子设备为终端的计算机互联网、广播电视网、固定通信网、移动通信网等信息网络，以及向公众开放的局域网络。其第二条更是明确规定："利用信息网络诽谤他人，具有下列情形之一的，应当认定为《刑法》第二百四十六条第一款规定的'情节严重'：1. 同一诽谤信息实际被点击、浏览次数达到 5 000 次以上，或者被转发次数达到 500 次以上的……"该《解释》对网络言论提出了更为具体的要求。

2. 行政管理

对于互联网的行政管理，不同国家有不同的理念和机制。"美国的 FCC 直接对国会负责，但其行为受到联邦法院的监督，形成了一种有效的制衡。韩国成立的互联网安全委员会即 KISCOM，虽然隶属于韩国信息和通信部，但拥有相当大的审查权力，形成了网络管理权力的集中。"① 我国对互联网领域言论表达权具有监管权的部门包括工业和信息化部、中宣部、文化部、公安部、工商总局等。这些行政机关的职责主要涉及三个方面，一是进行网络安全管理，净化网络环境；二是负责对网民言论的合法性和正当性进行判别；三是管理网络言论发表内容，对网站运营进行监督。通过不同环节、不同职能的设计，对网络言论进行疏导和管控。比如，公安部门设有专门的网监警察，对网络舆论进行监控，对发表不实信息、散布谣言的用户给予相应的行政、刑事处分。我国网络警察的监督职责包括：监督、检查、指导计算机信息系统安全保护工作；查处危害计算机信息系统安全的违法犯罪案件；履行计算机信息系统安全保护工作的其他监督职责。

3. 行业自律

网络领域的发展不仅受到政府相关部门的管理，也受到行业协会的监督。2001 年 5 月 25 日，中国互联网协会的成立标志着我国互联网相关 NGO 的形成。该协会由工业和信息化部主管，是由国内从事互联网行业的网络运营商、服务提供商、设备制造商、系统集成商以及科研、教育机构等 70 多家互联网从业者共同发起，是我国目前最重要的互联网行业组织，现有会员 600 多个。随后，各省、市的互联网协会不断涌现。2002 年 5 月 16 日，江苏省互联网协会成

---

① 张化冰. 网络空间的规制与平衡——一种比较研究的视角［M］. 北京：中国社会科学出版社，2013：265.

立;2004年3月18日,北京网络行业协会成立;此外,黑龙江、辽宁、广东、云南等省也分别成立了互联网协会。行业协会成立后相继出台了《中国互联网行业自律公约》《博客服务自律公约》《文明上网自律公约》《抵制非法网络公关行为自律公约》等19部自律公约和倡议书,从企业管理的角度筛选可以发布的内容及形式,对行业进行自我约束。2013年8月10日,国家互联网信息办公室主办、中国互联网协会等单位承办的"网络名人社会责任论坛",就承担社会责任、传播正能量、共守"七条底线"达成共识,得到了社会和网民的一致赞同。

9.2.2　我国网络空间权利表达自由的保护与规制中存在的问题

1. 立法体系有待于完善

我国目前已针对互联网的发展现状制定实施了众多法律法规,但是整体来看,法规规章居多,效力位阶较低,立法层次不高,与信息活动在现实生活中的作用和需求不相一致。目前我国网络立法主要以部门规章和其他规范性文件为主。从1994年中国正式接通国际互联网开始,分别出台了《全国人大常委会关于维护互联网安全的决定》《电子签名法》《全国人大常委会关于加强网络信息保护的决定》等。同时,我国网络专门化核心立法缺乏,也没有新闻专门化立法,涉及网络表达的具体规定散见于不同的单行法之中,没有形成较为完整的网络立法体系。2000年12月28日实施的《关于维护互联网安全的决定》作为我国第一部专门规范互联网行为的法律,标志着我国的互联网立法进入一个新阶段。但其内容仅有7条条文,宣示性功能远大于司法功能,并不能在司法实践中起到应有的作用。类似的问题导致在网络言论的发布和传播过程中,没有直接集中的法律条文作为保障和基础,在法律适用上容易产生问题。而在现有的法律法规中,对网络言论表达主体的权利、义务的规定较为概括化和模糊化,不能对网络表达自由进行较为精确的对应,有时不能对破坏网络表达规则的网民进行适当打击。

2. "九龙治水":监管机构有待于系统化

我国行政机关对网络表达的监管权主要分散于现有机构职能之中,并没有专门化的网络监管机构行使与网络空间相关的管理监督工作。不同机关进行多重管理可能导致职能上的重叠或冲突,造成具体问题管辖不明确、双重处罚等问题。专门化的管理机构设置,如成立专门的网络监管委员会或网监部,将分散于各行政机关中的网络监管职能部门进行整合,形成独立的专门机构,将互联网相关职能进行系统化管理和升级，可以方便网络企业的业务办理，也可以加强对网络言论的监管和引导。这不仅是对网络企业合法利益的保障，也是对网民网络权利自由发表的规制。

3. 行业自律机制作用有待于发掘

我国互联网行业协会对网络表达自由的影响主要是限定网络企业运营内容借以达到监督和约束网民言论范畴。行业协会的有效运作可以达到在一定程度上保护网民自由发声的权利，但对其合理发声作用有限。因此，为了形成良性循环，既保障网络企业的正态发展，又保护网络环境的干净和谐，应加强行业自律机制的权威性和影响力，促成行业协会和政府部门的合作，建立一套符合我国网络领域现状的网络道德体系，促使网民自觉合理行使话语权。互联网行业协会的工作内容应主要集中在三个方面，即网民、运营商和执法部门。对于网民，一方面要培养信赖感，如开通举报热线、提供服务等；另一方面要进行教育，不时提醒网民关注互联网协会的自律作用，提升其举报意识。对于运营商，要求协会成员的运营管理内容与协会协议要求相一致，不得滥用权力。对于执法部门而言，协会要加强与相关部门的合作，共同为铲除互联网空间的"毒瘤"而努力。

9.3 网络空间权利表达自由的规制与平衡

网络空间权利表达是自由与秩序的对垒，无政府主义者主张网络空间的绝对自由化发展，反对政府的管理，然而我们应当认识到享受自由是人的绝对不可以剥夺和否定的权利，但是借由哈贝马斯教授对"公共领域"的界定："所谓'公共领域'，我们首先意指我们的社会生活的一个领域，在这个领域中，像公共意见这样的事物能够形成。公共领域原则上向所有公民开放。公共领域的一部分由各种对话构成，在这些对话中，作为私人的人们来到一起，形成了公众。那时，他们既不是作为商业或专业人士来处理私人行为，也不是作为合法团体接受国家官僚机构的法律规章的规约。当他们在非强制的情况下处理普遍利益问题时，公民们作为一个群体来行动；因此，这种行动具有这样的保障，即他们可以自由地集合和组合，可以自由地表达和公开他们的意见。当这个公众达到较大规模时，这种交往需要一定的传播和影响的手段；今天，报纸和期刊、广播和电视就是这种公共领域的媒介。当公共讨论涉及与国家活动相关的问题时,我们称之为政治的公共领域(以之区别于例如文学的公共领域)。"①当网络作为一个"特殊的公共领域"而言时,理应受到国家的管理和约束。同时,作为一种自由表达权利的载体,网络同时承担着网民的自由表达权利和社会规范职能,对载体的规制并不等同于对言论自由权利的否定。因此,在网络空间中寻求权利表达自由与规制的平衡值得我们深思与考量。

9.3.1 法治:秩序保障的基础

1. 网络言论自由边界的划定原则

对网络空间的权利表达自由进行保护与规制的前提是明确网络言论自由的边界,网络言论自由作为言论自由的重要组成部分,其边界具有共通性。当我们谈论边界时,我们在谈什么? 谈的是一种秩序、一种规范、一种底线。如果以个人的言论自由为边界,则自由与自由相对应,每个人都有自说自话的权利和自由,且不受约束;如果以他人的合法权利为界限,则权利与自由相对应,每个人在发表言论时都应尊重他人的合法权利,从而在同一社会共同体中共存;如果以社会利益为边界,则公共秩序与个人权利相对应,个人发声的同时必须符合社会利益的要求,遵循社会管理的底线。作为社会主义法治国家的一分子,我们应当尊重他人的合法权益,也应当遵循社会利益原则。由此,网络言论自由的边界区分原则应当为:第一,充分保障每个公民网络言论自由的正当实现,任何组织和个人不得对其正当发表言论进行干涉;第二,发表网络言论不得妨碍国家利益、社会公共利益和公共秩序;第三,发表网络言论不得侵犯他人合法权益;第四,网络言论不得违反现有法律的其他规定。

网络媒体为公民提供了更为便捷、快速、宽松的言论平台,在面临言论引发的权利冲突时,权利边界的确定变得愈发重要。上文所涉及的实践证明,言论自由的相邻权利主要为名誉权、隐私权和公共利益等,如何在各类权利间寻求平衡是厘清网络空间权力表达自由边界的重要方法。相对于名誉权,网络言论自由的边界在于保持言论的真实性;相对于隐私权,网络言论自由的边界在于是否打扰他人正常生活;相对于公共利益,网络言论自由的边界在于是否造成了"明显而即刻的危险"。

---

① [德]尤尔根·哈贝马斯. 公共领域[M]. 汪晖译. 见汪晖、陈燕谷主编. 文化与公共性. 北京:三联书店,1998:125.

2. 完善网络法律体系建设

2016年7月6日，欧盟立法机构正式通过欧盟首部网络安全法——《网络与信息系统安全指令》，旨在加强基础服务运营者、部分数字服务提供者的网络与信息系统的安全，要求这两者履行网络风险管理、网络安全事故应对与报告等义务，从而避免、防止网络遭受非法攻击、破坏、入侵等，以便维护、确保网络安全并促进互联网经济的繁荣。同时加强网络安全领域的执法合作与国际合作，并加大网络安全技术研发上的资金投入与支持力度。此外，作为一部关注网络层面的安全的立法，《网络与信息系统安全指令》不涉及个人信息保护、非法网络内容管控等内容层面的规定，并豁免小微企业相关义务，在保护并提高网络安全的同时，避免给互联网产业发展带来过分负担。无独有偶，美国于2015年通过的《网络安全法》（*Cybersecurity Act*）采取与欧盟首部网络安全法类似的监管思路，只关注网络层面的安全，通过加强网络安全信息的分享、网络安全应对措施的研发等来防止、避免对网络所采取的攻击、入侵、窃取等破坏性措施。这两部立法体现了国际社会网络安全制度的立法趋势。

我国针对网络言论的法律呈点状散布于不同的单行法中，且多以法规的形式呈现，因此，构建完善的网络空间权利发表相关的法律体系具有必要性。除了前文所述的美国、德国拥有多部相关法律外，还有不少国家也都进行了互联网法律体系构建，如法国制定了《互联网宪章》《信息社会法案》《自由通讯法案》等，日本制定了《个人信息保护法》《关于特定电子邮件的发送合理化等法律》《内容创造、保护及利用促进法》等，韩国制定了《电信事业法》《网络安全管理规定》等。① 我国可以根据国外立法的经验，针对不同网络言论自由问题或其他相关问题制定具体的法规，进行专门化立法，并不一定形成一部完整的互联网法，但至少可以建立健全相关的单行立法，形成一个互联网立法体系。

3. 健全谣言应对机制

随着互联网的普及，信息的对等性和传播的及时性得到了充分保障，然而纷繁复杂的网络信息有好有坏、鱼龙混杂，谣言频发，而谣言的煽动容易引发"蝴蝶效应"，造成不良社会影响。因此，建立系统的谣言应对机制十分必要。互联网时代的应急公关已成为各个行业和组织的必修课，我国行政机关和司法机关已就重大突发事件形成了较为完善的应对机制，为了完善谣言应对机制，应从以下几点着手：一是加强网络监管队伍建设，提升其业务水平和技术

---

① 参见张化冰. 网络空间的规制与平衡——一种比较研究的视角[M]. 北京：中国社会科学出版社，2013.

水平,建立对网络言论全天候 24 小时的监管机制,及时发现、制止谣言的传播;二是完善谣言应对环节,通过多部门、多渠道进行预防和惩治,除了法律制裁手段外,还应注重疏导和抚慰群众情绪;三是将网络传谣等信息与社会信用体系相结合,纳入诚信档案,形成治理网络谣言的合力;四是调动各方力量,形成全社会的网络辟谣防护网,共同抵制网络谣言。

4. 完善信息公开机制

全面推进政务公开是实现人民当家作主、发展社会主义民主政治的需要,是坚持立党为公、执政为民,提升信息化条件下政府履职能力的需要,是保障权力在阳光下运行、健全惩治和预防腐败体系的需要。2007 年 4 月 5 日,国务院发布了《中华人民共和国政府信息公开条例》;2019 年 4 月 3 日,中华人民共和国国务院令第 711 号修订,自 2019 年 5 月 15 日起施行,迄今已近 14 年。党的十八届四中全会通过了《中共中央关于全面推进依法治国若干重大问题的决定》,从政务公开的原则、制度、重点、载体等方面,对全面推进政务公开工作提出了明确要求、进行了系统部署,提出要"全面推进政务公开,坚持以公开为常态、不公开为例外原则,推进决策公开、执行公开、管理公开、服务公开、结果公开"。完善信息公开机制可以促进行政机关与民众的信息对等,增强政府公信力,降低网民由于对事件了解有限而导致的网络言论不当或认知偏差。

9.3.2　德治:自我调整的力量

加强网络道德建设是预防网络侵权与犯罪,保障网络自由的"绿色通道"。网络空间是每个人自由意志表达的空间,但又不只是属于每个人的空间,只有个体的言论受到边界的合理限制,他人的利益才能得到有力维护,国家和社会的秩序才会得到有效保障。网络空间的言论自由是法律规定下的自由,是道德约束下的自由,不是绝对的无条件的自由。除了遵守法律法规底线,知法、懂法、守法、护法外,还要遵守社会主义制度底线,发表言论要符合社会意识主流,不得有损社会主义建设;遵守国家利益底线,互联网没有国界,但网民有国界,不发表或转发有损国家利益、试图颠覆国家政权、分裂国家等言论并与之坚决做斗争;遵守公民合法权益底线,保障他人合法权益的同时也是对自身合法权益的维护;遵守社会公共秩序底线,营造风清气正的网络公共空间,是每个网民的责任;遵守道德风尚底线,不能借由网络空间的虚拟性、匿名性而降低对自身的道德水准要求;遵守信息真实性底线,不传谣不信谣,共同抵制虚假信息。

2021年9月14日,中共中央办公厅、国务院办公厅印发了《关于加强网络文明建设的意见》,该文件中明确指出,要加强网络空间道德建设。强化网上道德示范引领,广泛开展劳动模范、时代楷模、道德模范、最美人物、身边好人、优秀志愿者等典型案例和事迹网上宣传活动,推动形成崇德向善、见贤思齐的网络文明环境。深化网络诚信建设,举办形式多样的线上线下品牌活动,大力传播诚信文化,倡导诚实守信的价值理念,鼓励支持互联网企业和平台完善内部诚信规范与机制,营造依法办网、诚信用网的良好氛围。发展网络公益事业,深入实施网络公益工程,广泛开展形式多样的网络文明志愿服务和网络公益活动,打造网络公益品牌。

1. 让公民敢于说话

民主社会、法治社会中,公民的话语权是被尊重和保护的,保护公民说话的权利不仅体现在"可以说话",还体现在"敢于说话"。英国著名哲学家洛克在其《政府论(下篇)》中指出:"自然法所规定的义务并不在社会中消失,而是在许多场合下表达得更加清楚,并由人类法附以明白的刑罚来迫使人们加以遵守。由此可见,自然法是所有的人、立法者以及其他人的永恒的规范。"①而作为表达的自然法权利,网络空间的言论自由理应受到保护。让民众"敢于发声"不仅是政治体制的要求,也是法治理念的体现。自古至今,我国经历了"焚书坑儒""罢黜百家"的言论禁锢时期,公民的话语权在现代社会的保障要具有时代性和长期性。众人共述,献言献策,监督公权,维护私利,一个自由、开放、包容的话语环境是国家法治化和现代化的重要标志之一。

2. 培养公民理性认知的心态

国家有必要保障公民的网络权利表达自由,同时,公民也有责任提升自身的认知能力和辨别能力,理性发声,认真表达。互联网所呈现的思想图景色彩斑斓,潜移默化地影响着现代人的思想。面对错综复杂的网络生态,是冒然入局、勇于冒险还是固步自封、墨守成规?然而都不是。在网络空间发声,既要与时俱进、掌握主动权,又要注重辩证、提高警惕,理性分析后再做决定,要有判断力、有是非观,坚守信念,明确立场。北京大学校长林建华在北大2016年本科生毕业典礼上的致辞中提出:"网络时代更需要理性,希望每一名北大人独立思考,摆脱狭隘,坚定自己的信念和价值观。"积极参与、理性发声应成为

---

① [英]洛克. 政府论(下篇)[M]. 叶启芳,瞿菊农译. 北京:商务印书馆,2009:85.

网络空间参与者的基本态度,政府有"公信力",网民有"私信力",非理性发声不仅会造成"私信力"的下降,甚至会触及法律,自食恶果。

3. 树立正确的网络价值观

社会主义核心价值观倡导公民"爱国、敬业、诚信、友善",网络领域同样需要正确价值观的引导。网民在虚拟空间发表言论时不仅受到法律底线的约束,还要以社会主义核心价值观作为指导,明确哪些话该说哪些话不该说,做一个有原则、有底线、有内涵的网民。同时,可以在浩如烟海的网络信息世界中进行准确筛选,不被谣言迷惑,不被别有用心之人利用,树立正确的网络价值观,做到诚信、公平、慎独,做一名合格的新时代网民。《关于加强网络文明建设的意见》明确指出,要加强网络空间文化培育。以社会主义核心价值观引领网络文化建设,广泛凝聚新闻网站、商业平台等传播合力,把社会主义核心价值观传播到广大网民中、传导到社会各方面。深入开展网上党史学习教育,传播我们党在革命、建设、改革各个历史时期取得的伟大成就,弘扬党和人民在奋斗中形成的伟大精神,旗帜鲜明地反对历史虚无主义。激发中华优秀传统文化活力,打造广大网民喜闻乐见的特色品牌活动和原创精品,推动中华优秀传统文化创造性转化、创新性发展。丰富优质网络文化产品供给,引导网站、公众账号、客户端等平台和广大网民创作生产积极健康、向上向善的网络文化产品,举办丰富多彩的网络文化活动。提升网络公共文化服务水平,推动国家重大文化设施和国有文化资源数字化、网络化,提高网络公共文化服务供给的普惠性和便捷性。坚持依法治理网络空间,把弘扬社会主义核心价值观贯穿于网络立法、执法、司法、普法的各环节,发挥法律法规对维护良好网络秩序、树立文明网络风尚的保障作用。

9.3.3 技术之治:信息时代的要求

网络空间的扩张与进步使得信息安全保护技术备受重视,技术防控手段的实施从某种层面来讲,是与网络发展本身相矛盾的。英国著名历史学家汤因比曾断言,"科学所造成的各种恶果,不能用科学本身来根治"[①]。经济学中的"信息不对称理论"指出,信息不对称现象的存在使得交易中总有一方会因为获取信息的不完整而对交易缺乏信心,行政、司法机关通过技术手段进行网

---

① 转引自冯天瑜. 两种文化的协调发展. 中国人学人文启思录(第二卷)[M]. 武汉:华中理工大学出版社,1999:211.

络监管可能会在监管过度的情形下导致公信力的下降，但是其在网络空间监管过程中适当地运用技术手段对不良信息和不当言论进行筛选、删除和证据保留，也是对公共利益的维护与保障。

当然，在此过程中应注意两点，一是不得侵犯公民合法的言论自由表达权，不得以监管的名义违反程序对公民在网络空间的言论进行控制，妨碍个人网络通信自由和言论自由；二是防止"技术治理"变身"技术统治"，避免技术成为社会控制的手段。技术不仅仅是以征服或改造自然为目的，更多的是一种制度选择。因此，在利用技术进行制度防控的时候，我们应警惕美国等西方科技发达国家利用网络技术优势，以标准制定者和信息系统设计者等身份对我国网络空间言论信息进行搜集分析，推行其价值观和文化，从而影响我国网民的判断力。

9.4　本章小结

《周易·益卦》有云："凡益之道，与时偕行。"网络空间的权利表达自由需要法律制度的完善予以保障和规制，网络环境的净化需要全体网民的情感认同与自觉维护。在我国社会主义法治建设进程中，自由与秩序的矛盾时常涌现，在网络空间将客观的认知和有效的制度相结合，寻求二者的平衡点为构建"和平、安全、开放、合作的网络空间"提供时代所需的进路。当前最为要紧的是落实前述的《关于加强网络文明建设的意见》："加强个人信息保护法、数据安全法贯彻实施，加快制定修订并实施文化产业促进法、广播电视法、网络犯罪防治法、未成年人网络保护条例、互联网信息服务管理办法等法律法规。创新开展网络普法系列活动，增强公民法律意识和法治素养。"真正实现网络空间法治化的现代社会的治理目标。

10 构建网络空间治理的外生化、内生化、法治化的协同机制

美国著名政治学家西摩·马丁·李普塞特在其论著《政治人》中指出:"一个整体系统的复杂性特征具有多变量的因果关系。从这个角度看,很难说任何单一的要素与复杂的社会特征有着至关重要的关联,或者说任何单一的要素'导致'了复杂的社会特征。毋宁说,所有此类特征都有着多变量的原因和结果。"①人类社会已经进入数字文明的新时代,网络空间的有效治理已经成为世界各国治理现代化的重要内容。网络空间的治理是系统工程,必须构建网络空间治理的协同机制。网络空间也是一个复杂的社会系统,该系统如人类社会一样存在着众多的"问题"需要治理,而治理的路径、方法也会因网络空间的复杂性而不能依赖于某种单一的方法,应根据网络空间的具体特征进行综合性的治理。网络空间的内生化的特征决定了通过提升网民等网络空间主体的德性进而实现对网络空间有效治理,这构成了网络空间治理的先导;网络空间的技术性特征决定了必须采取以技术为核心的对网络空间进行治理的外生化的模式,这是网络空间治理的基础;纵观世界各国网络空间的治理模式,还是遵循以法治化为本。网络空间的内生化、外生化、法治化的治理模式各有其天然的局限性,努力构建三者的协同机制才能真正实现对网络空间的有效治理。

10.1 协同机制的法理阐释

所谓协同机制,是指社会各行动主体之间相互衔接、相互融合形成一个整体上的合力从而实现共同的目标的一种制度化的安排。具体针对网络空间治

---

① [美]西摩·马丁·李普塞特. 政治人[M]. 南京:江苏人民出版社,2013:50.

理而言，要形成针对网络空间治理的内生化、外生化与法治化的衔接、融合，进而形成针对网络空间治理的合力，实现对网络空间的有效治理。从制度法理上来看，秩序价值是网络空间治理的协同机制所追求的价值目标；三种治理模式各自的局限性是网络空间协同机制生成的内在成因；以内生化为先、外生化为基、法治化为本是网络空间协调机制的逻辑理路。

10.1.1 网络空间治理协同机制的价值目标——形成良好的社会秩序

在法的价值体系中，以古典自由主义为代表的传统法理学观点认为，自由是法的终极价值，而秩序只是法的初级价值。因此，他们也以自由为其理想的追求。但对于现代社会而言，正是作为法的基础价值的秩序成为社会行动主体追求的直接目标，良好的社会秩序也成为判断一个国家是否法治化的重要标志。近两年新冠病毒对世界的肆虐，各国人民深受其害，不同制度的国家采取了不同的治理模式，与其说是治理模式的差异，不如说是彰显了各国对自由与秩序价值冲突所保持的不同态度。以美国为代表的奉行自由至上的国家在新冠的治理方面显得极为被动无能，造成了大量的感染死亡，为了追求自由，反而是对社会秩序的极大破坏。而以中国为代表的一些国家秉持秩序价值优先、人民生命价值至上的理念，经过艰辛努力，取得了世界瞩目的治理成效，不仅保护了本国人民的生命健康安全，而且形成了高效优良的社会秩序，创造了世界治理史上的奇迹。

新冠的治理模式的差异彰显了价值理念的差异，也标志着现代治理理念的转向，自由的价值固然重要，但社会秩序的价值才是一种现实的、真实的存在。有效的社会秩序是人们生存的基础，如果基本的社会秩序都不存在了，要这种理想的自由有何用呢？对于网络空间治理而言，其与新冠治理的目标也应该是一致的。作为人类社会的"第五大空间"的网络空间已经成为与人们生活紧密相关的场域，网络空间是否能有序化地发展决定了现代社会人们生活的质量。在网络空间中，人们需要自由，但更需要秩序，秩序是自由存在的基础。因此，形成网络空间的秩序化是各国人民的共同追求。而秩序化的形成不能仅仅依靠某种单一的力量，而是需要社会的共同努力，还需要各种治理模式的协作、衔接、融合，形成针对网络空间治理的合力。只有这样，良好的网络空间秩序才能形成，这也成为构建网络空间治理的协同机制的价值目标。

10.1.2 治理模式各自的局限性——网络空间协同机制生成的内在成因

美国社会学家塔儿科特·帕森斯提出的"结构功能主义"认为:"在一个系统的过程中,无论互动单位是何种单位——在促动因素作用下的个人单位(需要安排)、社会系统中的个别角色或更宏观社会系统中的集体角色,他们的行动可以互相支持,并有利于这个系统的功能。但是,他们也可以相互阻碍和冲突。一个社会系统第四种功能的必要条件是为了使功能发挥效用而在各单位之间'维持团结一致'的关系,这是关系统一性(integration)的必要条件。"①前述的功能主义认为社会具有稳固的结构(在帕森斯看来就是 AGIL 的图式结构),并且所有社会现象和互动都为维持该结构发挥功能,而其中一个关键环节就是"整合"(integration)。具体到网络空间这个社会系统,如欲实现对网络空间的有效治理,必须发挥各种模式的作用,同时要对各种模式进行"整合",也就是要建立针对网络空间治理的协调机制。因为各种模式的作用有限,即各种模式自身作用的发挥具有局限性,不能实现对网络空间的全方位的治理。

以技术制约技术为核心的外生化治理模式虽然在一定程度上实现了"技术赋能"的效果,但技术本身也具有"双刃剑"的特征,既具有正能量,也潜在带来负能量,并且技术自身的发展也日新月异,仅仅依靠技术对抗技术、技术制约技术,很难实现对技术自身"异化"的防范;以培育网民、平台所有者的德性为核心的内生化治理模式虽然能释放前述主体德性的力量,通过其自律等方式维护网络空间的秩序,但自律有其天然的缺陷,因为每个人都是善与恶两性的结合体,一旦人性恶的一面占据了上风,德性的力量就不再存在;以法律为基础的法治化的治理模式尽管是当今世界网络空间治理的最主要的治理方式,但法治本身具有一定的局限性。中国古代儒家的代表孟子曾言:"徒善不足以为政,徒法不能以自行。"这句话较为精准地指明了法律自身的局限性。"构建数字社会的信任基石,需要在正式与非正式的信任机制之间形成凝聚互动,而不是仅仅依靠其中的一种。单一强调伦理,无法避免'杀熟'的现象;完全依赖法规监管,便要承受'抑制创新'发展的结果;而技术万能论更早已破灭。数字社会的信任构建,需要学术(理论和工程)、商业实践、社会治理拧麻

---

① [美]塔儿科特·帕森斯,尼尔·斯梅尔瑟. 经济与社会[M]. 北京:华夏出版社,1989:17.

花般的协同构建。"①

10.1.3　以内生化为先、外生化为基、法治化为本——网络空间协同机制构建的理路逻辑

在网络空间治理的三种模式中，内生化的治理模式意指针对网络空间的治理依靠网络空间行动主体的自身力量，独立于外界的因素而实现的一种自我规制，这是实现网络空间治理的逻辑起点，这也是网络空间治理的最高境界。纵观世界各国网络空间的治理，治理效果较好的国家无不以培育网民、平台主体、网络企业自身的德性为先。外生化的治理模式意指将网络空间本身视为一种客观的、已然存在的本体，通过提高技术水平来影响网络空间治理的水平，其基本的观点认为技术的发展与网络空间的治理呈正相关的关系，技术等愈发达，网络空间的治理效果也会愈好。因此，针对以技术为基础的网络空间的治理也只能通过外在的技术等因素实现有效的治理，当然，作为外在的因素，除了技术因素外，还包括推进网络基础设施的建设、提升政府的管理能力等方面。

因此，以技术为核心的网络空间外生化的治理模式是实现其有效治理的基础；网络空间是法治的新领域，正如其他领域一样，法治是实现网络空间治理的最主要的方式，也是实现网络空间有效治理的根本途径。离开了法治，网络空间必将成为一片混乱的世界。也因为此，世界各国均把法治作为网络空间治理的最主要的模式，通过强化立法、执法、司法与守法这四个法治运行的环节，提升网络空间治理的法治化水平。内生化为先、外生化为基、法治化为本的网络空间治理的理路逻辑并不意味着三种模式之间呈现时间上的先后关系，在网络空间治理的具体实践中，三种模式是一体推进、共同建设的逻辑关系，是相互衔接、相互融合的兼容关系，通过三种模式的衔接、融合来形成针对网络空间治理的合力。

10.2　我国网络空间治理协同机制的优化

2017年9月19日，习近平总书记在会见全国社会治安综合治理表彰大会代表时指出，要坚定不移地走中国特色社会主义社会治理之路，善于把党的领

---

①　王融. 数据治理：数据政策发展与趋势[M]. 北京：电子工业出版社，2020：15.

导和我国社会主义制度优势转化为社会治理优势,着力推进社会治理系统化、科学化、智能化、法治化,不断完善中国特色社会主义社会治理体系,确保人民安居乐业、社会安定有序、国家长治久安。这是习近平总书记有关注重系统思维方法来推进国家治理体系变革的重要论述,是指引中国全面推进依法治国的重要理论。作为国家治理体系现代化的重要组成部分,网络空间的治理理应通过构建协同机制来进行展开,这也是习近平总书记系统思维方法在网络空间治理领域的具体运用。目前,我国网络空间治理的协同机制方面存在一定的不足,应通过相应的路径进行优化完善。

10.2.1　加强顶层制度设计——构建"三化"协同机制的切入点

习近平总书记指出:"摸着石头过河和加强顶层设计是辩证统一的,推进局部的阶段性改革开放要在加强顶层设计的前提下进行,加强顶层设计要在推进局部的阶段性改革开放的基础上来谋划。要加强宏观思考和顶层设计,更加注重改革的系统性、整体性、协同性,同时也要继续鼓励大胆试验、大胆突破,不断把改革开放引向深入。"①目前,构建网络空间治理协同机制需要在政策制定、机构设置等方面进行顶层设计。

习近平总书记指出:"从实践看,面对互联网技术和应用飞速发展,现行管理体制存在明显弊端,主要是多头管理、职能交叉、权责不一、效率不高。同时,随着互联网媒体属性越来越强,网上媒体管理和产业管理远远跟不上形势发展变化。"②前文中习近平总书记指出网络空间治理的管理体制存在的问题是客观存在的,尽管早在 2011 年 5 月成立了中华人民共和国国家互联网信息办公室;2014 年 2 月 27 日成立了中央网络安全和信息化领导小组;2018 年 3 月,根据中共中央印发的《深化党和国家机构改革方案》,将中央网络安全和信息化领导小组改为中国共产党中央网络安全和信息化委员会。中国共产党中央网络安全和信息化委员会的办事机构是中央网络安全和信息化委员会办公室,目前主要由其落实互联网信息传播方针政策和推动互联网信息传播法制建设,指导、协调、督促有关部门加强互联网信息内容管理,负责网络新闻业务及其他相关业务的审批和日常监管等方面工作。其主要职责是"协调、指导、监督"有关部门展开互联网的管理工作,具体的监管工作由相关部门进行实

施。由于可以实施互联网监管、治理的部门众多,导致针对网络空间的治理呈现为"九龙治水"的格局,权力分散,各管一片,削弱了应有的治理效果。

针对以上的问题,目前最为要紧的是通过加强顶层制度的设计来实现互联网监管机构的再改革。第一,统一有关针对网络空间治理的法规制定权。目前有关规制网络空间的法规等由负有监管职责的机构制定,规范众多,各部门制定的规范之间冲突现象时常发生。解决该问题的最佳选择是在中国共产党中央网络安全和信息化委员会领导下,设置专门的机构从事互联网管理规范的制定工作;将事关全局性、普遍性的事项尽快通过全国人大制定为法律。第二,统一网络空间的治理机构。尽管目前由中央网信办具体负责互联网的管理工作,但其承担的主要是协调、指导等工作,权力分散,监督的力度明显不足。改革的路径是赋予各级网信办充分的权力,集中行使网络空间治理的监督执法权力,通过这样的改革来提升网络空间的治理效能。

10.2.2 三种模式的"一体推进"——构建"三化"协同机制的方法论

党的十八届四中全会通过的《中共中央关于全面推进依法治国若干重大问题的决定》指出,坚持依法治国、依法执政、依法行政共同推进,坚持法治国家、法治政府、法治社会一体建设。前文的论断是新时代习近平法治思想的重要内容,其中蕴含着系统思维、辩证思维的马克思主义者哲学方法论,是依法治国、建设社会主义法治国家的根本遵循。网络空间的治理是法治国家建设的重要组成部分,应坚持以习近平法治思想为指导,在治理的具体路径上坚持网络空间治理的外生化、内生化、法治化的三种模式的一体推进,形成构建"三化"协同机制的具体方法论。

1. 加速网络基础设施建设,构筑外生化为基的制约机制

人类社会正在经历新一轮的科技革命和产业变革,以5G、物联网、工业互联网为代表的新兴基础设施,更加泛在、更加融合、更加智能地成为新一代信息技术设施的重要特征。欧盟发布了《2030数字罗盘:欧洲数字十年之路》计划,提出构建安全、高性能和可持续的数字基础设施,让人们获得负担得起的、安全的、高质量的网络连接。通过加速网络基础设施的建设来加大科研的投入,推动技术创新发展,加强网络空间的治理。2021年6月,美国推出了《2021年创新和竞争法案》,在人工智能、半导体、互联网、量子计算等领域加大投入,强化其技术领先优势,努力实现对网络空间的技术之治。

　　近年来,我国不断加大网络基础设施建设投入的力度,建成了全球规模最大的5G独立组网网络和光纤网络。截止到2021年6月,中国5G基站总数达到96.1万个,占全球70%以上,实现了所有地级市以上城市全覆盖。同时,不断加强关键核心技术攻关,不断提升新一代信息技术的创新能力,中国的各大互联网公司逐渐进入世界开源重要贡献者行列。通过新技术的应用,一方面满足社会的迫切需求;另一方面,通过发展核心技术来实现网络空间的技术之治。但我们也应清醒地认识到,与美国等国家相比,我国的互联网基础设施的投入尚存在一定的差距,未能拥有网络的一些关键技术,致使我国网络空间技术治理的能力仍显不足。因此,在网络的未来发展中,加大网络基础设施的投入,攻克关键技术,成为我国网络空间治理的基础。

　　2. 培养文明道德的网络行为,构建内生化为先的自律机制

　　自律是内生的追求而非外在的强制。"如果说现实社会的既有道德是一种外在的依赖型道德,那么网络社会需要的更多是一种自主、自律型的道德。它是一种更高水平的道德,唯其高,就更显其难,需要充分发挥行为主体的主观能动性。"①自律靠的是行为主体的自觉,只有网民等行为主体从自我认知中意识到网络文明自律对于自身和整个社会的价值与意义时,才会自觉地做到自律。这种自律一旦成为一种习惯,将会成为一种自然的行为模式,对网络空间法治秩序的形成具有主导性的价值。

　　对于网络空间而言,主要有两类主体,一种是互联网的企业,是一种拟制的主体;另一种是网民,是自然人的主体。互联网企业的自律主要体现为文明办网,承担的是作为企业的社会责任。互联网企业的自律机制主要通过以下路径得以形成,一是加强企业内部网络人员的培训管理与教育,提升其网络道德的自律能力。二是制定企业的自律规则,如企业的各种内部规约。这是企业自律的规则基础,是一种成文的道德规范,一旦制定,必须严格遵守,这是企业自律与网民自律的最大区别。三是充分发挥行业协会的作用。如中国互联网协会,它是由中国互联网行业及与互联网相关的企事业单位、社会组织自愿结成的全国性、行业性、非营利性的社会组织。各级互联网协会及其他各类相关协会作用的发挥对于网络空间秩序的形成具有至关重要的作用。

　　2020年12月,以"责任引领,助力行业发展新格局"为主题的中国互联网企业社会责任论坛在北京召开。与会代表积极响应政府关于依法合规经营的行政指导和倡议,配合网络社会组织开展行业自律的各项工作,深入探讨了各

---

① 本书编写组. 读懂网络安全观[M]. 北京:人民出版社,2021:94.

自服务社会的经验和成果，更好地实现了企业的交流沟通和规范自律。网络社会组织要勇当排头兵，积极参与网络文明建设，彰显使命担当和社会责任；要积极服务社会，主动投身于网络公益事业；要推动行业发展，大力深化行业自律建设。

网民的自律体现在文明上网上。"大力培育具有高度自觉的安全意识、有文明互动的网络素养、有尊德守法的行为习惯、有必备的防护技能的'四有'中国好网民。积极推进网民网络素养教育，积极引导网民尊德守法、文明互动、理性表达、远离不良网站，防止网络沉迷，自觉维护良好的网络秩序，让倡导网络文明素养自觉成为每一位网民的自我要求。"①将网络道德内化于心、外化于行，成为每一个网络主体自觉履行的社会责任。2021年11月19日上午，以"汇聚向上向善力量，携手建设网络文明"为主题的首届中国网络文明大会在北京举办主论坛。大会提出："坚持抓好网络伦理和网络道德建设，把弘扬良好道德风尚作为重要基石，探索构建符合网络发展规律、体现精神文明建设要求的网络道德体系。坚持组织引导群众参与网络文明创建，把精神文明创建活动向网上拓展延伸作为有力抓手，引导网民在参与中自我教育、自我提高。坚持构建共治共享的网络综合治理体系，把净化网络环境、维护网络秩序作为重要保障，全面提高网络治理能力。"②

3. 全面推进网络空间法治建设，构建法治化为本的规制机制

网络空间是全面依法治国的重要领域，网络空间的法治化是国家治理现代化的重要组成部分。长期以来，我国坚持依法治网、依法办网、依法上网，持续推进网络空间法治建设。2021年8月，中共中央、国务院印发的《法治政府建设实施刚要》指出："及时跟进研究数字经济、互联网金融、人工智能、大数据、云计算等相关法律制度，抓紧补齐短板，以良法善治保障新业态新模式健康发展。"近年来，在习近平法治思想指引下，我国网络空间法治建设快速推进，把制度优势转化为治理效能，取得了丰硕的成果。

（1）网络立法体系持续完善。以《民法典》为引领，我国相继出台了《中华人民共和国数据安全法》《中华人民共和国个人信息保护法》等，制定了大量的涉及网络空间治理的行政法规、部门规章、地方性法规。整个网络空间治理的立法呈现为以下特点：一是立法层级逐步提高。将关涉网络空间治理的普遍性事项通过全国人大及其常委会上升为国家的法律，树立网络空间治理依据

---

① 本书编写组. 读懂网络安全观[M]. 北京：人民出版社，2021：94.

② "网信中国"微信公众号。

的权威性;二是形成了较为系统的有中国特色的社会主义网络空间治理的法律规范体系,基本解决了"有法可依"的问题,为网络空间治理的法治化奠定了坚实的法律基础。

(2) 构建以专项网络违法犯罪治理为模式的执法体制,推进网络安全执法活动持续开展。专项治理的执法模式是我国行政执法的主要特征之一,通过在各个领域推行专项治理的执法模式,取得了较好的执法效果。近年来,随着信息网络的快速发展,传统的犯罪活动持续向网络空间蔓延。电信网络诈骗、网络传销、网络赌博、网络黑客、网络谣言、网络暴力等网络类型犯罪案件的数量持续增长,严重威胁了公民的生命健康、财产、个人信息的安全。公安等执法部门发起了"净网"等专项治理行动,重拳打击网络电信诈骗等犯罪活动,长效机制和综合治理体系逐步构建。

(3) 构建世界领先的互联网司法模式,形成全球互联网治理的中国方案。全国各地法院在创新技术应用、初级依法治网方面不断改革探索。如 2020 年,杭州互联网法院审理手机应用流量劫持案,惩治网络流量造假行为,维护了公平竞争的市场秩序;开放司法区块链平台,支持网络著作权人上传作品、保存证据,预防和惩治网络抄袭。

(4) 推进常态化普法,引导民众提升网络法治意识。在法治运行的立法、执法、司法、守法的四个环节中,守法是最为关键的一个逻辑节点。只有全体公民自觉地遵守国家的法律,真诚地信崇法治,才能形成优良的社会秩序。近年来,中国网信和相关部门不断加强互联网普法宣传教育工作,把普法作为网络法治的基础工作,通过普法为公民的守法创设了知识性的前提。2021 年 11 月,中央宣传部、司法部发布了《关于开展法治宣传教育的第八个五年规划(2021—2025 年)》,明确了网络普法的重点内容,构建了网络普法大格局。2021 年 12 月,国家互联网信息办公室印发了《关于贯彻落实〈法治政府建设实施纲要(2021—2025 年)〉的实施意见》(以下简称《实施意见》),对网信法治政府建设工作做出部署安排。明确提出推动增强全民网络法治观念为网信法治政府建设的重点内容。

10.2.3　三种模式的"相互融合"—— 构建"三化"协同机制的工作面

通过分析三种模式"相互融合"的基本法理及透视网络空间治理的具体实践,我们可以探寻出网络治理三种模式相互融合的一般规律,进而能发现构建

"三化"协同机制的具体路径，即以法治化培育引领外生化，以法治化规范、约束内生化，运用外生化落实内生化。

1. 以法治化培育引领外生化

（1）外生化需要法治化的引领与培育。以技术之治为核心的网络空间的外生化治理模式与法治化之间具有内在的逻辑关系，内生化模式运作、发挥治理的功效离不开法治化的培育与引领。

（2）通过立法推动网络基础设施的建设。网络基础设施建设是内生化模式发生作用的关键。在中央网络安全和信息化领导小组第一次会议上，习近平总书记指出，"要完善关键信息基础设施保护等法律法规"。《中华人民共和国网络安全法》要求对关键信息基础设施实行重点保护。在此基础上，国务院出台了《关键信息基础设施安全保护条例》（以下简称《条例》），进一步明确了关键信息基础设施保护的要求，规范了关键信息基础设施保护的内容，将有效提升关键信息基础设施的保护水平。

（3）通过立法加速网络技术的进步。法治在激发网络空间技术创新活力、完善网络空间科技体制机制、保护网络空间创新成果等方面都承担着重要职能。"近年来，我国促进科技创新的法规文件数量不断增加，初步形成以科学技术进步法为核心，以促进科技成果转化法、科学技术普及法、专利法等为配套的科技创新法规体系，为科技创新发展、成果转化应用、知识产权保护等提供了更为明确充分的法律依据，对调整科技创新领域的社会关系、促进科技进步和创新发展发挥了重要作用。"[1]面对当前网络空间科技领域更为激烈的国际竞争，着眼于建设世界科技强国的目标，我们要继续深化改革，发挥法治对促进科技创新的制度保障作用，推动网络空间科技创新管理向科学化、规范化、制度化方向发展。

（4）通过立法、执法来规范新技术的使用、规避新技术带来的潜在风险。首先，通过提升执法者的执法水平进而提升网络安全风险评估能力。统筹开展关键网络空间技术设施安全检查，排查网络安全隐患、防范并化解网络安全风险。其次，要加强网络安全产品和服务安全测评能力，提高其安全可控水平，确保重点行业、领域的网络设施稳定运行。最后，"要建立健全网络技术应有规则，加快制定云计算、大数据、物联网、人工智能、5G、区块链等新兴技术相关标准，促进新技术安全合理使用"[2]。

---

① 李少文. 法治建设与科技创新相互促进 在科技进步中完善法治[N]. 人民日报,2018－07－13.
② 本书编写组. 读懂网络安全观[M]. 北京:人民出版社,2021:77.

2. 以法治化规范、约束内生化

习近平总书记在中共中央政治局第三十四次集体学习时指出："要明确平台企业主体责任和义务，建设行业自律机制。"自律机制是一项系统工程，需要平台企业、监管部门、行业协会和全社会的广泛参与，更需要法治的引领。

（1）要将法治的价值理念嵌入互联网平台企业的自律规约、公约中。要在互联网平台企业的自律规约、公约中充分体现法治的要求，努力使自律规约、公约等规则体系同社会主义法律规范相衔接、相协调、相促进。

（2）以法治的理念引领互联网行业的自律。要培育网络运营者的法治理念，让互联网行业从业者主动承担起相关责任，树立底线思维与强化风险意识，自觉履行法律法规规定的各项义务，承担应有的社会责任。

（3）要以法治手段解决自律机制中的突出问题。严格落实互联网平台的主体责任，把政府依法管理、行业自律与社会监督紧密结合起来，大力推进网络监管制度化、规范化。通过依法约谈、行政处罚等手段加强对互联网平台企业的自律机制的引导、约束与规范。

（4）要以法治的方法促进网上行为主体文明自律习惯的养成。网上行为主体的文明自律是网络空间道德建设的基础。但在现实的网络空间中，并非所有的网上行为主体都能自发形成自律行为，网民的自律需要他律的配合。广大网民文明网络行为的养成，要以法律为基础。法律规范为网民的自律提供了指引，也对网民的行为形成了约束。

3. 运用外生化落实内生化

（1）通过技术进步更好地实现网络平台、网民的自律。习近平总书记多次强调指出，核心技术是国之重器，最关键、最核心的技术要立足于自主创新、自立自强。要紧紧牵住核心技术自主创新这个"牛鼻子"，抓紧突破网络发展的前沿技术和具有国际竞争力的关键核心技术，加快推进国产自主可控替代计划，构建安全可控的信息技术体系。网络技术的发达与进步不仅可以增强打击网络犯罪的技术手段的能力，从而解决由于打击网络犯罪的技术手段发展滞后所导致的对网络犯罪的打击力不从心的问题。同时，可以通过大力推进网络技术的进步有效实现网络平台、网民等网络行为主体的自律。一是网络技术的进步能让网络平台、网民等网络行为主体形成"自觉"的自律。网络技术的进步能为网络行为主体自律提供自律的技术标准、技术准则，网络行为主体在前述明晰的技术标准、技术准则的指引下从事网络空间相关的行为，在网络权利的边界内进行活动，自然形成了网络空间的自由秩序。二是网络空间技术的进步能促进网络行为主体"刚性"的自律。技术的进步为网络行为主体构筑了"防火墙"，即便网络行为主体欲超越道德、法律的边界从事背离道德、违反法律的某些行为，由于网络技术"防护墙"的存在而"不能"，进而实现网络行为主体"不得不"的自律，这也是网络空间治理的最佳路径的选择。

（2）通过优化行政管理体系提升网络行为主体的自律效能。在网络空间治理的外生化模式的情形下，行政管理能力是该模式发挥效能的重要标志之一。目前，国家对网络管理行政体系的顶层设计已经成型，中央网络安全和信息化领导小组牵头管总，国家互联网信息办公室代表国务院具体履行网络监管职能。通过优化网络空间的行政管理体系，提升了网络行为主体的自律效能。一是通过更加扁平化的行政管理体系设计，建立起管理、协调、鉴定、执法等执行机构多方参与、协同合作的常态化机制，不断提高决策和处置效率，强化了对网络行为主体自律行为行政引领的能力，充分发挥网络行政管理机关对网络空间行为主体的行政指导作用，让网络行为主体知晓如何自律。二是强化网络行政管理机关预警、预测与预防的能力，加强信息共享与综合能力建设，使网络管理机关的行政监管能力不断增强，有效地提升了包括企业自我规制、行业协会自律、社会团体参与和网民等社会自治主体自治行为的行政监督效能，进而提升了网络行为主体的自律效能。

10.3 本章小结

网络空间治理三种模式的融合，是网络空间治理的现实需求，既能确保国家的主导性统摄，又可以尊重并保障网络发展的内在活力。从网络治理社会实践的角度来观察，三种模式之间的关系并非割裂运行的逻辑关系，构建网络空间治理的"三化"协同机制更非理论空谈。构建"三化"协同机制切实可行，能够实现对网络空间的有效治理。因此，构建网络空间治理的"三化"协同机制不仅是现在也是未来网络空间治理的发展方向。当然，要真正落实"三化"协同机制的构建问题，还需要注意多个方面的问题，特别是要处理好三种模式之间的关系，重点是法治化与内生化及外生化的关系。

1. 法治化之下的内生化，内生化运行以法治化为基础

由于网络空间的广阔性、复杂性，法治化无法解决网络空间自身的全部问题，需要通过内生化的模式更好地落实法治化，达到法治化的目标。网络空间

治理法治化的实现,或多或少需要借助内生化这一中介,而不再是直接以行政的面目控制网络空间。当然,内生化运行必须遵循法治化,要防止在内生化运行中可能出现的失控和滥用。内生化不能超越法治化,只能在法治的框架下运行。

2. 法治化引领外生化,外生化也促进法治化的发展

技术的发展客观地促进了网络空间的技术之治,但技术本身的风险也同时增加。个人信息被过度收集,助长网络诈骗等违法犯罪行为;人工智能可能被恶意使用,制造虚假信息,破坏公共利益;等等。正是为了化解科技发展的潜在风险,让科技更好地服务于网络空间的治理,才要对网络空间进行法治化治理,法治化是其基础。"新问题催生新的法治实践,法治实践在解决问题中获得发展动能。良好的法治生态激发创新活力,同时在规范、引领科学技术更好地服务经济社会发展中,法治也在不断成长变强。"①

3. "三化"协同达善治

善治可以被看作网络空间治理的衡量标准和目标取向。"达致善治目标的国家治理,是一种达成和服务于某种良好目标模式的现代国家构成过程和方式。善治的本质特征就在于它是政府与公民对公共生活的合作管理,是政治国家与公民社会的一种新颖关系,是两者的最佳状态。"②"三化"协同就是在网络空间治理实践中形成、在社会治理实践中不断发展、被实践充分证明是科学有效的善治方式,也是网络空间综合治理体系治理机制的具体构建。

---

① 李少文. 法治建设与科技创新相互促进 在科技进步中完善法治[N]. 人民日报,2018-07-13.
② 吴汉东. 国家治理现代化的三个维度:共治、善治与法治[J]. 法制与社会发展,2014(5).

参考文献

一、外国著作

［1］［美］乔·萨托利. 民主新论［M］. 北京：东方出版社，2001.

［2］［法］斯托策尔. 当代欧洲人的价值观念［M］. 陆象淦译. 北京：社会科学文献出版社，1988.

［3］［英］霍布斯. 利维坦［M］. 北京：商务印书馆，1985.

［4］［法］卢梭. 社会契约论［M］. 何兆武译. 北京：商务印书馆，2003.

［5］［德］乌尔里希·贝克. 风险社会：向现代性迈进［M］. 何博闻译. 南京：译林出版社，2004.

［6］［美］劳伦斯·莱斯格，代码 2.0：网络空间中的法律［M］. 李旭，沈伟伟译. 北京：清华大学出版社，2009.

［7］［日］牧野英一. 法律上之进化与进步［M］. 朱广文译. 北京：中国政法大学出版社，2003.

［8］［日］棚濑孝雄. 纠纷的解决与审判制度［M］. 王亚新译. 北京：中国政法大学出版社，2004.

［9］［美］博登海默. 法理学：法律哲学与法律方法［M］. 邓正来译. 北京：中国政法大学出版社，2004.

［10］［美］安东尼·刘易斯. 批评官员的尺度——《纽约时报》诉警察局长沙利文案［M］. 北京：北京大学出版社，2011.

［11］［美］汉密尔顿，杰伊，麦迪逊. 联邦党人文集［M］. 北京：商务印书馆，1980.

［12］［英］约翰·斯图亚特·密尔. 论自由［M］. 西安：陕西人民出版社，2009.

［13］［古希腊］亚里士多德. 政治学［M］. 北京：商务印刷馆，1965.

[14][英]洛克. 政府论（下篇）[M]. 叶启芳,瞿菊农译. 北京:商务印书馆,2009.

[15][英]弗里德里希·冯·哈耶克. 自由秩序原理上[M]. 邓正来译. 北京:三联书店,1997.

[16][英]约翰·密尔顿. 论出版自由[M]. 吴之椿译. 北京:商务印书馆,1958.

[17]Whitney V. Brandeis. Concurring Opinion[M]. California,274 U. S. 357:1927(375).

[18][美]西摩·马丁·李普塞特. 政治人[M]. 南京:江苏人民出版社,2013.

[19][美]塔儿科特·帕森斯,尼尔·斯梅尔瑟. 经济与社会[M]. 北京:华夏出版社,1989.

二、中文著作

[1]习近平. 习近平谈治国理政[M]. 北京:外文出版社,2014.

[2]中共中央关于全面推进依法治国若干重大问题的决定[M]. 北京:人民出版社,2014.

[3]孙曙生. 古典自由主义法治思想研究[M]. 南京:河海大学出版社,2011.

[4]汪晖,陈燕谷主编. 文化与公共性[M]. 北京:三联书店,2005.

[5]惠志斌. 全球网络空间信息安全战略研究[M]. 上海:世界图书出版公司,2015.

[6]周易君编著. Web 3.0 时代的服装网络营销:理论与营销[M]. 北京:经济日报出版社,2016.

[7]杨吉,杨解放. 在线革命:网络空间的权利表达与正义实现[M]. 北京:清华大学出版社,2013.

[8]张化冰. 网络空间的规制与平衡[M]. 北京:中国社会科学出版社,2013.

[9]惠志斌,唐涛. 中国网络空间安全发展报告(2015)[M]. 北京:社会科学文献出版社,2015.

[10]中国网络空间研究院编著. 中国互联网发展报告(2020)[M]. 北京:中国工信出版集团,2020.

[11]中共中央党史和文献研究院编. 习近平关于网络强国论述摘编[M].

北京:中央文献出版社,2021.

[12] 国家互联网应急中心(CNCERT)编. 2019 年中国互联网网络安全报告. 2019.

[13] 江溯. 中国网络犯罪综合报告[M]. 北京:北京大学出版社,2021.

[14] 中国网络空间研究院. 世界互联网发展报告 2020[M]. 北京:电子工业出版社,2021.

[15] 吴小坤等. 美国新媒体产业[M]. 北京:中国广播电视出版社,2012.

[16] 卓泽渊主编. 法理学[M]. 北京:法律出版社,2004.

[17] 颜祥林,朱庆华. 网络信息政策法规导论[M]. 南京:南京大学出版社,2005.

[18] 佟力强. 国内外互联网立法研究[M]. 北京:中国社会科学出版社,2014.

[19] 陈奎,刘宇晖. 网络法十六讲[M]. 北京:对外经济贸易大学出版社,2014.

[20] 魏永征. 新闻传播法律教程[M]. 北京:中国人民大学出版社,2002.

[21] 杨海坤. 中国行政法基础理论[M]. 北京:中国人事出版社,2004.

[22] 许崇德,皮纯协. 新中国行政法学研究综述[M]. 北京:法律出版社,1991.

[23] 罗豪才,应松年. 行政法学[M]. 北京:中国政法大学出版社,1992.

[24] 杨惠基. 行政执法概论[M]. 上海:上海大学出版社,1998.

[25] 姜明安. 行政执法研究[M]. 北京:北京大学出版社,2004.

[26] 杨桦,廖原. 论电子政务与行政法治. 武汉:湖北人民出版社,2008.

[27] 梁慧星. 民法总论[M]. 北京:法律出版社,1996.

[28] 苏力. 也许正在发生——转型中国的法学[M]. 北京:法律出版社,2004.

[29] 何家弘. 中国电子证据立法研究[M]. 北京:中国人民大学出版社,2005.

[30] 马克思恩格斯全集第 1 卷[M]. 北京:人民出版社,1974.

[31] 甄树青. 论表达自由[M]. 北京:社会科学文献出版社,2000.

[32] 王世杰,钱端升. 比较宪法[M]. 北京:中国政法大学出版社,1997.

[33] 夏中义主编. 人与国家[M]. 桂林:广西师范大学出版社,2003.

[34] 冯天瑜. 两种文化的协调发展. 中国人学人文启思录(第二卷)[M]. 武汉:华中理工大学出版社,1999.

[35] 王融. 数据治理:数据政策发展与趋势[M]. 北京:电子工业出版社,2020.

[36] 本书编写组. 读懂网络安全观[M]. 北京:人民出版社,2021.

三、杂志

[1] 秦前红,李少文. 网络公共空间治理的法治原理[J]. 现代法学,2014(6).

[2] 赵慧玲,陈运清,解冲锋,王茜,史凡. 可演进的下一代互联网架构[J]. 电信科学,2013(Z1).

[3] 夏俊杰,高枫,张峰,马铮. 未来互联网安全架构探讨[J]. 邮电设计技术,2016(1).

[4] 刁玉平,廖铭,刁永平. 互联网架构关键资源可扩展研究[J]. 中山大学学报（自然科学版）,2011(6).

[5] J. Hendler, W. Hall and N. Contractor, Web Science: Now More Than Ever, Computer, Vol. 51 no 6,2018,pp.

[6] 崔婉秋,杜军平. 基于用户意图理解的社交网络跨媒体搜索与挖掘[J]. 智能系统学报,2017(6).

[7] 刘艳红. Web 3.0 时代网络犯罪的代际特征及刑法应对[J]. 环球法律评论,2020(5).

[8] 曹阳,何旭. SNS:一个网络公共领域的新形式[J].新闻记者,2009(10).

[9] 张新宝,许可:中国如何构建网络主权[J]. 中国社会科学,2016(4).

[10] 鲁传颖. 主权概念的演进及其在网络时代面临的挑战[J]. 国际关系研究,2014(1).

[11] 姜奇平. 拓展网络经济空间[J]. 中国信息化,2016(5).

[12] 范渊. 自主可控是关键——解读"银监发[2014]39 号文件"[J]. 中国信息安全,2015(1).

[13] 张越今,孙向宇. 构建全球化的网络犯罪防控机制[J]. 公安研究,2003(10).

[14] 杨涵,苏丽亚. 论新形式下网络犯罪的特征与对策[J]. 河南司法警官职业学院学报,2014(12).

[15] 陈结淼,鲍祥.《网络犯罪公约》与打击网络犯罪的国际合作——兼评我国相关立法的规定[J]. 安徽警官职业学院学报,2007(4).

[16] 曹诗权,郭静. 论网络侵权[J]. 云南大学学报(法学版),2003(1).

[17] 李响. 网络侵权行为法立法思考[J]. 江西社会科学,2013(11).

[18] 唐绪军. 破旧与立新并举,自由与义务并重——德国"多媒体法"评介[J]. 新闻与传播研究,1997(3).

[19] 颜晶晶. 传媒法视角下的德国互联网立法[J]. 网络法律评论,2012(2).

[20] 周笑. 美国新媒体产业最新发展趋势研究[J]. 电视研究,2011(6).

[21] 王路. 世界主要国家网络空间治理情况[J]. 中国信息安全,2013(10).

[22] 石萌萌. 美国网络信息管理模式探析[J]. 国际新闻界,2009(7).

[23] 赵经纬. 从 x-Japan 模式看日本新一代网络发展策略[J]. 通讯世界周刊,2009(39).

[24] 李杰. "维基揭秘":网络空间的法治困境[J]. 保密工作,2011(1).

[25] 顾爱华,陈晨. 网络社会公共秩序管理存在的问题及对策[J]. 中国行政管理,2013(5).

[26] 孙曙生. 法律殉道者之法律接受与抗拒的现代性反思[J]. 北京行政学院学报,2010(5).

[27] 马民虎. 国家网络空间"法治路线图"需处理好的五大矛盾[J]. 中国信息安全,2014(10).

[28] 蒋坡. 论网络法的体系框架[J]. 政治与法律,2003(3).

[29] 谢永江,姜淑丽. 我国网络立法现状与问题分析[J]. 网络与信息安全学报,2015(1).

[30] 李长兵. 论商法的社会责任理念及其规则体现[J]. 湖北行政学院学报,2014(4).

[31] 张恒山. 透视美国互联网监管的主要内容和措施[J]. 中国出版,2010(13).

[32] Cairns. H. the history of legal science[J]. American Jurisprudence Reader. Cowan,T. A:148.

[33] 姚莉,显森. 论能动司法的社会管理功能及其实现[J]. 法商研究,2013(1).

[34] 楼宇广. 科技大数据检索助推律师工作[J]. 今日科技,2017(5).

[35] 陈发桂. 重塑信用:论司法公信力的生成——以网络环境下公众参与为视角[J]. 学术论坛,2011(8).

[36] 杨攀. 我国互联网内容分级制度研究[J]. 法律科学,2014(2).

[37] 朱国斌. 论表达自由的界限(上)——从比较法、特别是普通法的视角切入[J]. 政法论丛,2010(6).

［38］杜承铭. 论表达自由［J］. 中国法学,2001(3).

［39］刘晗. 隐私权、言论自由与中国网民文化:人肉搜索的规制困境［J］. 中外法学,2011(4).

［40］吴汉东. 国家治理现代化的三个维度:共治、善治与法治［J］. 法制与社会发展,2014(5).

四、学位论文和论坛论文

［1］杨勘. 我国政府应对热点网络舆情问题及对策研究［D］. 2017.

［2］崇银凤. 全媒体时代下的公共舆论引导研究［D］. 2013.

［3］郝桂玮. 网络犯罪及其综合治理研究［D］. 2013.

［4］王慧芳. 中日互联网治理比较研究［D］. 2014.

［5］雷志春. 马克思主义群众观视域下中国网络空间治理模式研究［D］. 2018.

［6］颜祥林. 网络信息问题的法律控制［D］. 2001.

［7］杨勇萍 李祎. 行政执法模式的创新与思考——以网络行政为视角［G］. 2010 年行政法年会,2010 - 07 - 19.

［8］张强. 当代中国新闻评论的民主意识研究［D］. 2015.

五、报纸

［1］何宝宏. 互联网的架构［N］. 人民邮电,2015 - 03 - 31.

［2］王怀成. 德国互联网犯罪呈上升趋势［N］. 光明日报,2010 - 09 - 08.

［3］王水平. 德国:全面落实审查制与责任制［N］. 光明日报,2012 - 12 - 20.

［4］余晓葵. 美国:网络立法起步最早、数量最多［N］. 光明日报,2012 - 12 - 21.

［5］网络监管处处有"狠招"［N］. 河南日报,2016 - 04 - 22.

［6］李宓. 政府立法 业界自律［N］. 太原日报,2012 - 06 - 11.

［7］鲁春丛. 中国互联网治理的成就与前景展望［N］. 人民论坛,2016 - 02 - 01.

［8］文英. 勿让"舆论审判"左右司法审判［N］. 四川法制报,2013 - 08 - 07.

［9］不满 18 禁当主播 涉黄将进黑名单［N］. 新京报,2016 - 04 - 14.

［10］马薇薇. 南京高淳法院开拍"史上最贵宝贝"价值 3. 25 亿［N］. 现代快报,2014 - 05 - 23.

［11］高一飞. 微博直播庭审推动司法公开［EB/OL］. 南方周末,2013 - 08 - 29.

［12］黄冲 娜迪亚. 调查显示 72.4％的人赞成网络分级［N］. 中国青年报, 2010 - 01 - 07.

［13］孙曙生. 法律的理想与作用［N］. 检察日报,2011 - 06 - 02.

［14］李栋. 原是网络主播炒作［N］. 广州日报,2016 - 07 - 01.

［15］李少文. 法治建设与科技创新相互促进 在科技进步中完善法治 ［N］. 人民日报,2018 - 07 - 13.

六、网络资料

［1］White House:"National Security Council,2003 National Strategy to Secure Syberspace", 2003, www. dhs. gov/xprevprot/programs/editorial _ 0329. shtm.

［2］http://baike. baidu. com/view/8240. html.

［3］https://baike. baidu. com/item/web2. 0/97695? fromtitle＝web％ 202.0&fromid＝222391.

［4］http://www.cac.gov.cn/2019-09/16/c_1570162524717095.htm.

［5］http://www. wicwuzhen. cn/web21/information/Release/202109/ t20210926_23146429. shtml.

［6］James Andrew Lewis, Stewart Baker, "The Economic Impact of Cybercrime and Cyber Espionage," http://csis, org/files/publication/ 60396tpt_cybercrime_cost_0713_ph4_0.pdf.

［7］http://hy.cebnet.com.cn/20150504/101173514.html.

［8］https://baijiahao.baidu.com/s? id＝1664076917399847329&wfr＝ spider&for＝pc.

［9］http://www.gov.cn/xinwen/2020-07/28/content_5530619.htm.

［10］http://baike.baidu.com/view/1854675.html.

［11］http://gb.cri.cn/27824/2011/07/23/2225s3315952.htm.

［12］http://thinkerding.blog.sohu.com/258401394.html.

［13］http://media. people. com. cn/n1/2016/0106/c40606-28018529. html.

［14］https://m.thepaper.cn/baijiahao_5142063.

［15］https://baijiahao.baidu.com/s? id＝1665543064165036230&wfr＝

spider&for=pc.

　　[16] https://www.sohu.com/a/389980667_120064303.

　　[17] http://www.xinhuanet.com/world/2016WIC/2016WICopening/index.htm.

　　[18] https://baijiahao.baidu.com/s? id=16686527672786773668&wfr=spider&for=pc.

　　[19] https://baijiahao.baidu.com/s? id=16734012704866334388&wfr=spider&for=pc.

　　[20] http://www.nppa.gov.cn/nppa/contents/719/98916.shtml.

　　[21] http://www.nrta.gov.cn/col/col2013/index.html.

　　[22] https://www.mct.gov.cn/gywhb/zyzz/201705/t20170502_493564.htm.

　　[23] https://www.miit.gov.cn/jgsj/waj/jgzz/art/2020/art_4646354791574be7b6971ba29254e910.html.

　　[24] http://aaaaa8138.blogchina.com/3022126.html,2016-05-01.

　　[25] https://cj.sina.com.cn/article/detail/3656659427/72548? doct=0.

　　[26] https://baijiahao.baidu.com/s? id=16720897115230452258&wfr=spider&for=pc.

　　[27] http://baike.baidu.com/view/4676702.html);2019-09-07.

　　[28] http://baike.baidu.com/view/49910.htm.